911 Design

PORSCHE

911 Design

Michael Mauer

Delius Klasing Verlag

911 Design

Über die Form des Porsche 911 haben sehr viele Autoren geschrieben. Wer bislang nicht das Wort ergriffen hat, ist der Schöpfer des aktuellen 911: Michael Mauer. Chefdesigner von Porsche. Seit Anfang des 21. Jahrhunderts verantwortlich für das Styling von Porsche und Formengeber der Ikone 911. Dieses Buch ist seinen Gedanken gewidmet und seiner Philosophie des 911-Design.

911 Design

Das Mauer-Prinzip

Der Hüter über die Ikone verrät, wie Design bei Porsche funktioniert, und warum das genauso viel mit Präzision wie mit Gefühlen zu tun hat.

von
Elmar Brümmer

Tun wir ganz am Anfang doch einmal so, als ob Michael Mauer nicht derjenige wäre, der als Chefdesigner alle Porsche des neuen Jahrtausends verantwortet. Würde er noch einmal auf die Welt kommen, gesteht der gestalterische Vater der aktuellen Elfer, dann würde er tagsüber an der Universität Psychologie studieren und dazu auf der Kunsthochschule einen Abendkurs in Zeichnen belegen. Vermutlich würde diese Kombination genau wieder dorthin führen, wo er ohnehin schon sitzt, im Hochsicherheitsbereich von Style Porsche im Entwicklungszentrum Weissach. Denn: „Der Designer muss ein Menschenversteher sein, er ist eine empathische Kompetenz im Unternehmen. Ich mache Produkte für Menschen und da hilft es, das Wesen von Menschen zu verstehen."

Das Wesentliche wirkt zunächst etwas abstrakt in diesem Büro. Es liegt zwar klassisch am Eck, wie für Chefs gemacht. Aber es ist nur wenige Meter tief, dafür unheimlich lang. Der Schreibtisch ist in Wahrheit eine Tafel wie für eine Rittergesellschaft, und der ganz nach hinten ins Eck gedrängte Computer-Bildschirm weist stumm klagend darauf hin, dass hier vorzugsweise per Kopf gedacht und per Hand gezeichnet wird. Form follows function: Die riesige Tischplatte dient abwechselnd als Bibliothek, Besprechungstisch und jetzt gerade als Auto-Ausstellung. Alles, was für Michael Mauer Modellcharakter besitzt, stapelt sich die Wände entlang. Es sind die eigenen Fahrzeuge und andere, die ihm gefallen. Während des Gesprächs werden sie zur Veranschaulichung der Gedanken immer wieder herangeholt oder zurückgeschoben. Schnell entsteht so ein kleines Verkehrschaos im Maßstab 1:43.

So kann Inspiration also auch funktionieren. Aber irgendwie mag Unübersichtliches nicht zu dem Mann passen, der ein so feines Gespür für Kleidung, Gesten und vor allem für Sportwagen hat. Fantasie muss nichts mit Anarchie zu tun haben. Dieter Rams, vielleicht Deutschlands größter Industriedesigner, hat zehn berühmte Thesen zur Gestaltung aufgestellt, die Michael Mauer natürlich auswendig kann und inwendig lebt. Es geht dabei um Alltagstauglichkeit, Ästhetik, Unaufdringlichkeit, Ehrlichkeit, Langlebigkeit oder Konsequenz und gipfelt in der Provokation: Gutes Design ist so wenig Design wie möglich. Längst im Ruhestand, hat Rams seinen 993 auch mit 80 immer noch in der Garage, und hat seinen Garten im Hessischen streng puristisch angelegt. Dieses „Weniger ist mehr" ist ein Elfer-Porsche-Mauer-Credo: „Du gehst an Dingen als Designer nicht einfach so vorbei. Deshalb kann ich das mit der japanischen Gartenkunst gut nachvollziehen."

Schon morgens, wenn er über den Parkplatz läuft, sieht er viele Dinge, vor allem Autos. Und abends, wenn er auf der A8 Richtung Karlsruhe im Stau steht, wieder. Dann weckt eine Felge oder der Scheinwerfer eines anderen Fabrikats seine Aufmerksamkeit, und wenn das Thema für ihn interessant erscheint, speichert er das Detail ab. Manchmal fragt er sich allerdings auch: „Wie kann man denn so etwas machen?" Optische Umweltverschmutzung, das ist ihm sofort anzusehen, verabscheut er. Das müsste einen in der Konsumwelt aber auf Dauer doch verrückt machen. Tut es aber nicht, abgesehen von den nicht ganz linientreuen Betonplatten vor der eigenen Garage. Mauer entschärft: „Ich besitze zum Glück auch die Fähigkeit, Dinge zu akzeptieren. Das ist dann eben so." Deshalb ist ein schräges Regenrohr, freigelegt beim Umbau seines Hauses, auch geblieben. Nur blau gestrichen, und damit ein Hingucker. Die Fachbereiche Architektur und Empathie in Mauers Gehirn haben einen Kompromiss geschlossen: „Das ist eben Teil der Persönlichkeit und des Charakters von diesem Haus. Das ist wie eine Zahnlücke beim Menschen, die macht es ja auch interessant." Wenn eine Fuge aus praktischen Gründen eine Fläche beim Auto zerschneidet, tut ihm das allerdings immer noch weh. Ein blaues Endrohr würde demnach kaum in Betracht kommen: „Die Frage, die ich mir als Designer immer stelle, ist: Wann werden Dinge vom charakterprägenden Merkmal zum Verkaufsverhinderungsgrund? Es ist ein schmaler Grat, diesen Punkt zu finden – was stört nicht, und wo schadet es einem Produkt oder einer Marke."

Schon sind wir beim 911. Endlich. Wieder. Das Gespräch beginnt mit einem Geständnis: Es gebe sehr wohl Tage in seinem Leben, an denen er nicht an das Auto mit der berühmten Zahlenkombination denke. Nicht viele zwar, aber immerhin: „Das beunruhigt mich aber nicht, es beruhigt eher. Mit zunehmender Erfahrung spüre ich: Die Lösung ist schon da, ich sehe sie nur noch nicht." Ein Perfektionist, der loslassen kann. Passt in keine Schublade. Dafür aber genau in dieses Büro: Es kommt auf die Perspektive an.

Links liegt ein Stapel Zeichnungen, reichlich weißes Papier und ein Stift. Der Autor wartet auf die erste Skizze, aber die lässt lange auf sich warten. Und als sie endlich daliegt, finden sich darauf zwar ein paar Kringel, aber vor allem Buchstaben. Den fragenden Blick kontert Michael

„Für mich geht es darum, ein begehrenswertes Design zu schaffen, dass die Marke stützt und unterstützt, zu ihr passt und sie richtig positioniert, dass all ihre Werte visualisiert."

Michael Mauer

Mauer mit seinem feinen Lächeln: „Ich suche immer Worte, die einen Porsche beschreiben. Wir haben einen Begriff gefunden, den ich wunderbar finde: gestaltete Präzision."

Willkommen in einer modernen Ikonen-Werkstatt, hier liegt der Ursprung der Elfer-Verehrung. „Ich glaube schon, dass es hilfreich ist, in einer Produktpalette ein starkes Fahrzeug zu haben, in diesem Fall eine Ikone. Für mich steht diese Bezeichnung für etwas, was prägend ist, was einzigartig ist, was erkennbar und wiedererkennbar ist, und das über einen sehr langen Zeitraum", sagt Michael Mauer. Und stellt gleich den größeren Zusammenhang her: „Bezogen auf die Marke geht es auch um das Thema der Selbstähnlichkeit. Ich glaube schon, dass es gut ist, wenn eine Marke eine Ikone hat. Denn von ihr lässt sich die weitere Designphilosophie ableiten. Mir jedenfalls gibt der 911 schon ein bisschen Halt. Gerade auch, wenn Porsche sein Produktportfolio erweitert. Es geht immer um zweierlei. Das eine ist gutes Design, das andere ist Design, das zur Marke passen muss."

Wir nähern uns der Überschrift dieses Kapitels, und der Chefdesigner hat Fahrt aufgenommen, die Leidenschaft hat in etwa jenes Tempo erreicht, das Elfer-Fahrer Mauer bei Sportwagen so liebt – es muss schon ordentlich um die Ecke gehen. Strategisches Design bei Porsche, das ist das Mauer-Prinzip. Seine ureigene Herausforderung, eine tolle Gestaltung abzuliefern, erklärt sich schon aus der Präambel: „Etwas Begehrenswertes zu schaffen, ist in der Designwelt vielleicht das höchste Gut. Das ist eigentlich Kunst. Aber ich glaube, das ist noch zu wenig, wenn wir an Produkte herangehen. Für mich geht es darum, ein begehrenswertes Design zu machen, dass die Marke stützt und unterstützt, zu ihr passt und sie richtig positioniert, dass all ihre Werte auch visualisiert. Erst dann ist es die Königsdisziplin." Eine persönliche Anmerkung gilt es noch anzufügen: „Meine eigene

Design-Philosophie ist das Reduzierte, dieses dann aber perfekt gemacht. Ich denke, das passt gut zu Porsche."

Schwupps sind wir wieder bei den Worten, die klare Kriterien für den Designprozess bei Porsche festlegen. Es war Michael Mauer ein Bedürfnis, und das hat wenig mit Strenge und mehr mit Logik zu tun: „Ein Designer hat immer das Problem, sein Design zu argumentieren. Vieles ist ja reines Bauchgefühl. Aber davon hängen zum Teil milliardenschwere Investitionen des Unternehmens ab. Die Motorenleute haben ihre Prüfstandwerte, die Dinge erklären. Also habe ich etwas gesucht, das für Nicht-Designer erklärt, warum ich glaube, dass etwas, das ich spüre, richtig ist. Es ging darum, wie ich etwas besser argumentieren kann, von dem ich überzeugt bin. Es soll unser Tun und unsere Absichten verständlicher machen." Design bedeutet eben nicht nur, dass Produkte schön anzusehen sind. Vielmehr ist es ein Mix aus Ästhetik, Nutzerfreundlichkeit, Innovation und konsistentem Erlebnis. Natürlich ist das eine Kunst, aber Kunst allein wäre Michael Mauer zu wenig.

„Design macht den Unterschied" steht in einer roten Fibel, die den Titel „Porsche Design Criteria 2.0" trägt und sowohl die Porsche-Designsprache als auch das Mauer-Prinzip erklärt. Plötzlich wird Gestaltung inhaltlich und damit lebendig: „Über ihre Gestaltung verraten uns die Dinge, was sie sind oder gerne wären, was sie können und was wir mit ihnen anstellen könnten. Gestaltung übersetzt Idee und Sinn, gibt Orientierung. Design bietet und regt an."

Aber zunächst lässt Freud grüßen, denn die Arbeit beginnt mit klassischen Archetypen, die Porsche und seiner Kundschaft entsprechen. Aus den zwölf klassischen Archetypen der Psychologie haben sich drei herauskristallisiert: der Held, der Creator und der Rebell. Im Anschluss daran werden den Typen dann Gesichter zugeordnet: James Dean, Ferdinand Porsche und Steve McQueen, samt der dazugehörigen Wertvorstellungen. „Personifizieren ist wichtig, damit geht das Kopfkino los", erläutert Mauer. „So können wir uns schon vorstellen, wo das Design hingehen muss. Aber der schwierigste Prozess kommt dann noch: den Archetypen drei Schlüsselbegriffe zuordnen. Da braucht es Worte, mit denen ich etwas anfangen kann bei der Übersetzung in die Form. Wörter, die etwas auslösen." Aus der Wortwolke sind schließlich Tension, Purpose und Fokus übriggeblieben. Interpret Mauer: „Fokus ist der Held, Purpose ist der Creator,

Tension der Rebell." Alles, was von nun an beschlossen oder entworfen wird, muss mindestens einer Gattung zuzuordnen sein.

Die Philosophie macht nicht beim fertigen Autoentwurf halt. „Diese drei Worte helfen auch bei unternehmensinternen Prozessen, denn alle haben damit Bilder vor sich, die die Richtung beschreiben. Alle Begriffe entsprechen unseren Werten", sagt Michael Mauer – und hält es sogar für möglich, nach diesem Prinzip unterschiedliche Werksführungen für Besucher zu gestalten." Für ihn der beste Beweis, dass das System funktioniert. Schon wieder schaltet sich der Turbo zu: „Ist das nicht etwas Tolles, so inspirieren zu können? Design ist für mich grundsätzlich weit mehr als die Gestaltung der Formen, es geht auch um die Gestaltung einer Marke. Und dafür brauche ich diese Durchgängigkeit. Am Ende entsteht daraus Identität." Mission und Vision vereinen sich im Konzept, die Marke Porsche wird so zu einer Persönlichkeit.

Einer von Mauers persönlichen Lieblingsbegriffen beim Design ist der „Stromfluss". Er versteht darunter „alles, was Spannung erzeugt". Im Interieur zum Beispiel ein Mix aus haptischen, digitalen oder analogen Elementen, bewusste Gegensätze allein von den Materialien her. Im Exterieur sind es die Flächen, die Dramatik schaffen. „Für mich sind es sogar Hochspannungsflächen", korrigiert Michael Mauer, „denn sie rufen etwas hervor." Er rät zum Selbstversuch: „Fahren sie nur mal mit den Fingern über den Elfer, und sie werden es spüren." Das hat schon etwas Magisches. „Ein Auto wie der 911 erzeugt Gefühle, es löst etwas aus. Und wir wollen dafür sorgen, dass es so bleibt. Design lässt sich nicht allein in Daten, Fakten oder Zahlen fassen, deshalb sind wir immer mehr auf der Gefühlsebene unterwegs. Wir gucken unsere Gestaltung an, und fühlen sofort, ob etwas passt", gibt Michael Mauer gern zu.

Dieses Gefühl kann aber nicht der alleinige Grund dafür sein, warum ein Elfer so ewig jung ist. Die Interpretation des Mannes, der die letzten Modelle gestaltet hat und schon am nächsten arbeitet, lautet: „Zeitlosigkeit ist ein Begriff, der mir Orientierung gibt, wofür die Marke Porsche seit vielen Jahren steht, und was es weiter zu transportieren gilt. Um etwas begehrenswert zu machen, muss es ästhetisch attraktiv sein und es muss mich emotional berühren. In einer Welt, in der so gern alles erklärt wird, muss Design selbsterklärend sein." Dann lassen wir jetzt mal die Modelle sprechen. Und Michael Mauer.

F-Modell
vs. Generation 992

1963 — 1973

seit 2018

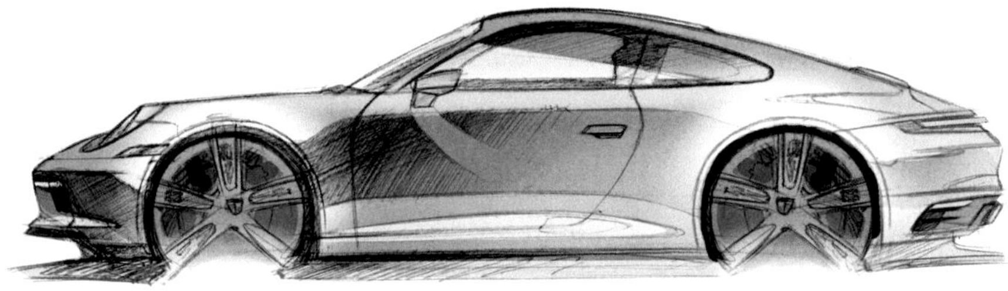

Illustrationen:
Team Style Porsche

Fotos:
Heiko Simayer

Zitat:
Michael Mauer

F-Modell vs. Generation 992

„Der Ur-Elfer legt das Muster für die Marke Porsche an. An ihm begeistert mich vor allem das Filigrane. Der 992 hat demgegenüber reichlich an Muskeln zugelegt, seine Kraft ist ihm anzusehen. Aber es gibt auch eine schöne Durchgängigkeit zwischen den beiden, die mir sagt: Der Elfer hat seine Identität behalten. Als Sportwagen, der zu jeder Zeit modern wirkt. Eine unvergängliche Schönheit."

S GO 4013

Die Kraft und die Herrlichkeit: ein Muskelspiel, das nicht protzig wirkt

PORSCHE
911 Carrera T

Nutzerdefiniert
20 °C
24 °C
0.0 bar
0.0 bar
NORMAL
415 km
11:56
21.5 °C
34,7 km
7184 km
PORSCHE
DRIVE
MODE

911 Carrera T
S GO 4013

NA1
PORSCHE

S GO 401

Sechs Elfer-Jahrzehnte und der Mann, der sie verbindet

Generationenvertrag

Der Älteste trifft auf den bislang Jüngsten. Im Zusammenspiel ist die schöne Durchgängigkeit zu erkennen. Das Design ist Ausdruck der Kraft.

von
Elmar Brümmer

Es herrscht ein gleichmäßiges Licht, dem nichts entgeht. Wie etwa bei einem Kosmetikspiegel im Bad, wird das kleinste Detail plastisch. Soll es auch. Denn hier, mitten im Forschungs- und Entwicklungszentrum von Porsche, geht es immer um das perfekte Erscheinungsbild. Im Herzen von Style Porsche, doppelter Sicherheitsbereich, darf nichts verborgen bleiben. In dieser schicken Halle werfen sie sich in Pose, in ihrer ganzen Schönheit: Der Ur-Elfer und sein jüngster Nachfahre, die Baureihe 992. Dazwischen, quasi als menschliches Verbindungsglied dieser automobilen Familienzusammenführung nach sechs Jahrzehnten, steht Designchef Michael Mauer. Sein Blick wandert immer wieder von hier nach da, von der Klassik zur Moderne und zurück, und sein Blick signalisiert in jede Richtung eine tiefe Zufriedenheit. Mit den Autos, mit der Wahl des Berufs, der ein Traumberuf ist.

Ein Zusammentreffen wie dieses ist mehr als ein aufeinander Zufahren oder nebeneinander Parken. Immerhin werden hier Designhistorie und Designgegenwart arrangiert. Das verdichtet sich zu einem geschichtsträchtigen Moment: Wer die Vergangenheit nicht kennt, kann die Gegenwart nicht verstehen und die Zukunft nicht gestalten. So ergibt sich eine Linie, die sich über sechs Dekaden erstreckt, auch wenn kein Teil mehr identisch ist. Die lange, flache Haube, die steil ansteigende Windschutzscheibe und die sanft nach hinten abfallende Dachlinie sind als stilbildende Elemente im Generationenvertrag festgelegt.

Die Augen fahren mit

Schnell plastisch wird auch die Bedeutung des Sportwagens, den Michael Mauer stets wortbeschleunigend als „Neunelfer" bezeichnet. Die besondere Anziehung dieses Modells macht den Gestaltern die Aufgabe zwar schön, aber nicht immer leicht: „Es ist vielleicht auch deshalb besonders schwierig, immer wieder einen Nachfolger zu gestalten, weil du dort nicht nur einfach das Thema Nachfolge hast wie in anderen Baureihen. Sondern immer so ein Stück weit das Bewusstsein, dass der Neunelfer eine etwas größere Verantwortung trägt, so wie das Familienoberhaupt." Der Urelfer und der 992 scheinen sich dementsprechend auch mit großen Scheinwerferaugen zu mustern, beide ohne Gleichen.

Den 992 im Zusammenspiel mit dem ersten Elfer zu sehen, das erzeugt besondere Gefühle. Die Augen von Michael Mauer nehmen Maß, sie folgen der Form. Einmal über Schiefergrau, einmal über Gulfblau. Er legt sie zunächst gedanklich übereinander, ehe er beginnt, versonnen die Karosserie zu streicheln. „Ich sehe eine schöne Durchgängigkeit; der Elfer hat seine Identität behalten, war und ist dem Zeitgeist entsprechend modern." Dem Geschmack über sechs Jahrzehnte zu entsprechen, das ist die eigentliche Kunst bei der 911-Gestaltung: „So kann er veränderten Sehgewohnheiten genügen und ist trotzdem immer noch er selbst geblieben. Natürlich ist der erste zierlicher, aber heute ist alles größer geworden, schauen Sie sich doch nur die Bildschirme an. Dieser Sprung von damals ins Jetzt zeigt aber auch, dass ein Designer der Hüter der Marke sein muss."

Die harmonische Umgebung gibt Gelegenheit für eine überfallartige philosophische Frage: Wenn der 911 ein Mensch wäre, wie ließe sich die Persönlichkeit beschreiben? „Niemand, der sich selbst in den Vordergrund stellt", antwortet Michael Mauer, „aber einer, von dem ich weiß, dass er alles extrem gut kann. So ein Mensch, den ich auch gern um Rat fragen würde, da der Ratschlag, der dann kommt, mich unterstützen und weiterbringen wird." Für einen Moment denkt der Frager, dass das auch ziemlich genau auf den Designer selbst zutreffen dürfte, aber Mauer ist schon dabei, den großen Zusammenhang herzustellen: „Ferdinand Alexander Porsche, der den ersten Elfer konzipiert hat, war ein Freigeist, er hat dem Auto sein Selbstbewusstsein mitgegeben und tatsächlich eine Persönlichkeit geschaffen." Eine Sportler-Persönlichkeit. „Am ehesten ein Triathlet. Der ist auch reduziert, straff, und beherrscht viele Disziplinen."

Der Schwung des Ur-Vaters

Bevor es zur Sportstunde geht, müssen noch die Proportionen geklärt werden. Der Sportler von heute hat schließlich ein enormes Wachstum durchgemacht, er wächst dem Großvater sozusagen über den Kopf. Einspruch von Schiedsrichter Mauer: „Im Vergleich zu dem, was in dieser Leistungsklasse an extrovertiertem Auftreten stattfindet, ist der 911 immer noch zurückhaltend. Er kann extrem viel, hat sehr gute innere Werte und ordentlich Leistung, aber trägt es nicht zur Schau." Übergreifendes Urteil: „Selbstbewusst, ohne arrogant zu wirken." Der Nachdruck in der Stimme signalisiert, dass sich Porsche darin treu bleiben wird.

„Urvater" nennt Mauer das sogenannte F-Modell, und was wir heute als großes Vermächtnis ansehen, war damals eine extrem moderne Interpretation eines Sportwagens. Dieser Mut in der Gestaltung und die Weitsicht, dass gehört zu jener DNA, die bei Style Porsche immer noch zu spüren ist. Nicht als Mahnung, sondern als Anregung. „Damit war schon ein Muster für die Marke Porsche angelegt", sagt Michael Mauer, „dieses Auto wirkt in keiner Weise auftragend oder aggressiv. Und das, obwohl er schon immer einer der Schnellsten war. Das finde ich faszinierend."

Optisch reizt ihn diese ganz besondere Dachlinie, die einen ungeheuren Schwung in sich trägt. Gelegentlich treibt sie ihn und seine Kollegen aber auch an den Rand der Verzweiflung: „Wir probieren immer wieder andere Grafiken aus, aber diese Dachlinie hier ist einfach so einprägsam und eingeprägt ..." Die spürbare Zeitlosigkeit des Elfers. „Sie gibt einem die Orientierung, wofür die Marke Porsche seit vielen Jahren steht, und was es weiter zu transportieren gilt." Weshalb das Aussehen des Ur-Elfers keine Fesseln anlegt, sondern zur Entwicklung von Lösungen beiträgt. Mit Blick auf das schiefergraue Heck sinniert Mauer: „Wir tragen Sorge, dass der Elfer nicht aus den Fugen gerät. Wir Designer haben auch die Hüterfunktion, im Geist von Porsche die Dinge nicht ausufern zu lassen. In einer Welt, in der alles erklärt wird, muss Design selbsterklärend sein."

Schon stehen wir direkt am aktuellen Modell. Wieder kann Michael Mauer die Hände nicht vom Auto lassen. Diesmal fährt er jedoch nicht die Kanten entlang, hier sind es die Flächen, die es ihm angetan haben. Seine eigene Schöpfung. Das für ihn wichtigste Kriterium beim Fahrzeugdesign nennt sich Stromfluss. Leise dahin gesagt, aber mit kräftigem Ausrufezeichen versehen: „Es sind diese Flächen, die die nötige Spannung schaffen. Für mich sind es sogar Hochspannungsflächen. Das Meisterstück ist für mich die Tür." Warum soll nicht auch ein Benziner unter Strom stehen? Deshalb tut er alles dafür, diese Ebenen aus Blech großzügig zu erhalten, sie nach Möglichkeit nicht zu durchbrechen. Das verlangt eine hohe handwerkliche Qualität. Bei den Modelleuren wie später bei den Karosseriebauern. Aus dem Lastenheft der Gestalter: „Ich finde dieses Reduzieren und Vereinfachen generell wichtig für den 911 und für Porsche."

Am Heck des 992, das allein wegen der Abgasanlagen hinten so viel Volumen bekommen hat, zeigt sich die Weiterentwicklung des Designs besonders gut. Das Ziel war eine Einheit aus Scheibenglas und Motorabdeckung. Die Lamellen, die vorher horizontal waren, mussten vertikal werden, weil sie eine andere Funktion bekommen haben. Daraus hat sich für die Designer ein weiterer Ansatz ergeben: „Wir haben die dritte Bremsleuchte integriert. Ein kleines Detail vielleicht nur, aber ich finde es spannend, dass auch so etwas zum Merkmal eines Autos werden kann." Wie die gewollte Stärke des jüngsten Elfers. Michael Mauer nimmt Maß: „Der 992 ist auch gegenüber seinem direkten Vorgänger größer und stärker geworden, er hat an Muskeln zugelegt. Die überquellende Kraft wird durch die hinteren Kotflügel ausgedrückt. Man sieht den Weg, den der Athlet genommen hat. Mein Lieblingsvergleich ist der: als ob Arnold Schwarzenegger ein nasses T-Shirt trägt, das eine halbe Nummer zu klein ist und die gespannten Muskeln richtig plastisch werden lässt."

Erleuchtung an der Heckpartie

Kontrastprogramm, zurück zum F-Modell. Dieselbe simple Eleganz ohne Ecken und Kanten wie der Enkel, nur eben nicht unter einer Muskelschicht verborgen. „Der wirkt so filigran", bemerkt Michael Mauer, „und diese Filigranität reicht in jedes Detail. Wir müssen uns doch bloß das Lenkrad angucken." Würde links der Zündschlüssel stecken, dann signalisiert sein Blick: Lass uns schnell eine Runde im Hof drehen. Wir wechseln an das Leuchtenband des 992, das wie ein Bogen das Heck umschließt, in der Nacht aber zum Lichtschwert wird. Und dann blicken wir hinüber auf das einfache Reflektorenband des ersten Elfers. „Na, ist das nicht ein urtypisches Porsche-Thema?", neckt Mauer. Ich habe da eine ganz klare Meinung: „Wir haben es erfunden, und ich finde, da können wir auch den Fuß stehen lassen."

Zufrieden mit dem Anschauungsunterricht, ist aus einem leisen Lächeln ein leichtes Summen geworden, als wir die Herzkammer des 911 Designs verlassen. Seine Aufgaben muss Michael Mauer visuell lösen, und das vor ihm stehende Autopärchen signalisiert den Ansatz: Das Erbe wird am besten dadurch bewahrt, dass sich der 911 immer weiterentwickelt.

PORSCHE
S GO 9111 H

PORSCHE
911 Carrera T
S GO 4013

Ein Elfer-Dach ist auch zum Fühlen da

Er wirkt nicht bloß rüstig, sondern auch so schön filigran

BOSCH

PORSCHE
S GO 9111 H

S GO 9111 H

Die Historie von F-Modell und 992

Der Alte und der Neue teilen nicht nur die gemeinsame Dachlinie. In 60 Jahren hat sich beim 911 fast alles verändert, aber dennoch blieb er sich treu. Ein Generationenvergleich.

von
Thomas Ammann

Foto:
Ed Peter

Eine Linie für die Ewigkeit: Die unverwechselbare Silhouette ist geblieben. Und was noch? Der Sechszylinder-Boxer im Heck. Er galt schon bei seiner Vorstellung im Jahr 1963 als Anachronismus; heute ist er umso mehr ein Unterscheidungsmerkmal. Der Rest der automobilen Welt trägt die Kraftquelle vorn oder in der Mitte, für den 911 war das nie ein Thema. Er ist der einzige Seriensportwagen, der einen Heckmotor besitzt und damit immer noch auf den Rennpisten der Welt siegreich unterwegs ist.

Auch das Karosseriekonzept wurde nie angetastet. Dafür hätte es auch keinen Grund gegeben. „2-Sitzer mit 2 bequem. Notsitzen, besserer Einstieg", hatte einst Ferry Porsche im Lastenheft für den Nachfolger des in die Jahre gekommenen 356 gefordert. Der Kofferraum sollte größer sein als beim 356, auf jeden Fall groß genug, um eine Golfausrüstung mitführen zu können. Ferry Porsche hatte damit nichts weniger im Sinn, als das neue Modell nicht nur zum Sportgerät, sondern auch zum schnellen Reisewagen zu machen. Der Radstand für den 901 sollte 2,20 Meter betragen, um genügend Platz für die Passagiere zu schaffen. Es wurden 2,21 Meter, ein paar Jahre später durften es für ein ausgewogeneres Fahrverhalten 5,7 Zentimeter mehr sein. Da war der 901 schon zum 911 befördert worden – bekanntlich war Peugeot mit der „0" in der Mitte der Typbezeichnung des Neuen nicht einverstanden. Das ist vielleicht gut so: Kaum eine Ziffernfolge ist in der automobilen Welt so einprägsam wie die 9-1-1, und ein „Elfer", wie der ewig Junggebliebene in der Fangemeinde liebevoll genannt wird, wäre aus dem 901 nie geworden.

Um auf den Radstand zurückzukommen: Das Maß ist im Lauf der Jahre ziemlich gewachsen, bis auf stolze 2,45 Meter beim aktuellen Modell. Länge und Breite legten gegenüber dem Ur-Elfer mit rund 39 beziehungsweise 24 Zentimetern ebenfalls ordentlich zu. Und auch sonst hat sich praktisch alles verändert. Aber dennoch ist sich der 911 in jeder Hinsicht treu geblieben. Und seine Maße können im heutigen Straßenbild keineswegs als ausufernd gelten. Er war und ist immer noch ein kompakter Sportwagen, der die jeweilige Spitze der Automobiltechnik verkörpert. Er verbindet Kontinuität mit Fortschritt, vereint die Herkunft mit der Zukunft. Er begründet die Ausnahmestellung des Unternehmens und seinen weltweiten Ruhm. Und er verkörpert den Kern der Marke, die Seele des Unternehmens – und die seiner Schöpfer. Anders gesagt: Ohne den 911 wäre Porsche nicht Porsche. Das neue Modell vereine in sich

„unter Berücksichtigung der typischen Porsche-Linie alle Vorzüge der bewährten 356-Modelle und die langjährigen Erfahrungen seiner Konstrukteure und Versuchsingenieure", verkündet 1963 die Werbebroschüre bei der Weltpremiere auf der Internationalen Automobilausstellung in Frankfurt am Main. Erst ein knappes Jahr zuvor, im November 1962, war der erste 901-Prototyp „zum Laufen gekommen", wie der Automobilhistoriker Jürgen Lewandowski berichtet. „Am Steuer saß einmal mehr Helmuth Bott, der mittlerweile zum Leiter des Fahrversuchs befördert worden war. Und obwohl Bott etliche Details zu bemängeln hatte – ‚Türen klappern. Fenster klappern. Heizung stinkt. Getriebe heult. Lenkung ist vor allem bei Korrekturen giftig, hat in Mittelstellung etwas Spiel.' – schien der spätere Technik-Vorstand nicht unzufrieden, denn er vermerkte auch: ‚Sichtverhältnisse und Sitzposition sind gut. Das Fahrzeug ist handlich und hat den Charakter des sportlichen Wagens voll beibehalten. Armaturen sind gut zu sehen, Sitze sind angenehm."

So verwundert es nicht weiter, dass „die ersten ausgelieferten 911er nicht zuletzt von den Kunden zur Serienreife gebracht wurden", wie Jürgen Lewandowski anmerkt, „loyale Kunden, die die zugegebenermaßen hohe Kulanzbereitschaft des Werks gern akzeptierten, um als Teil der Porsche-Familie ihren Part zur Vervollkommnung dieses faszinierenden Gefährts beizutragen" .

Der ersten Generation, heute gern auch als F-Modell bezeichnet, reichen die 130 PS (96 kW) des luftgekühlten 2,0-Liter-Sechszylinders für angemessene Fahrleistungen. Ein gewaltiger Sprung vom bis dahin stärksten Serienmodell, dem 356 SC mit 1,6 Liter Hubraum und einer Leistung von 95 PS (70 kW), der noch für einige Monate parallel angeboten wird. Einen beachtlichen Sprung markiert Ende 1964 auch der Einführungspreis von 22.900 D-Mark (umgerechnet rund 11.700 Euro), was einem Aufschlag von rund 35 Prozent gegenüber dem 356 SC Coupé entspricht, das mit 16.450 D-Mark in der Preisliste steht. Nicht nur deshalb ist mancher Traditionalist unter den Kunden skeptisch, ob der 911 noch ein echter Porsche sei. Das Unternehmen reagiert und stellt bereits ein knappes halbes Jahr nach Markteinführung des 911 die Vierzylinderversion 912 vor, die 90 PS (66 kW) leistet und mit 16.000 D-Mark wesentlich günstiger ist. Das Einstiegsmodell wird zunächst bis 1969 angeboten.

Heute findet der Einstieg in das 911-Vergnügen mit dem Carrera

Ein 911 in New York City – nichts Besonderes, möchte man meinen. Doch in den 60er-Jahren ist die Marke in den USA noch kaum bekannt, die Autos fallen auf. Ed Peter ist damals Vertriebsleiter bei Porsche USA und begeisterter Hobbyfotograf. Die ihn faszinierende Kombination aus Autos und Architektur hält er in Bildern fest, die in ihrer zeitlosen Eleganz noch heute beeindrucken.

(992) und 385 PS (283 kW) statt, die für überlegene Fahrleistungen allemal ausreichen. Aus Luft- wurde Wasserkühlung, geblieben aber ist der Sechszylinder-Boxermotor. Es ist nicht weiter verwunderlich, dass der Fortschritt in Technik, Sicherheit und Komfort auch seinen Preis in Form eines höheren Gewichts hat: 1.585 Kilogramm beträgt das DIN-Leergewicht beim 992 Basismodell gegenüber 1.080 beim Ur-Elfer. Umso beeindruckender ist, wie sich das Leistungsgewicht entwickelte: Musste eine einzelne Pferdestärke beim 911 ursprünglich 8,4 Kilogramm bewegen, sind es heute nur noch 3,9 Kilogramm – und das bei einer deutlich gesteigerten Effizienz, was sich unter anderem im Kraftstoffverbrauch ausdrückt. Auch so lässt sich Fortschritt definieren.

Zufrieden mit dem Erreichten gab und gibt man sich bei Porsche ohnehin nie. Das liegt schon in der Motorsporttradition des Hauses begründet, die auch prägend für die gesamte Entwicklung des 911 ist.

Die Entscheidung für den Sechszylinder-Boxermotor mit obenliegenden Nockenwellen und einer Trockensumpfschmierung ist der Grundstein für spätere Leistungssteigerungen und den Einsatz im Rennsport. Nur so wird bei den hohen Fliehkräften im Motorsport eine ausreichende Ölversorgung in allen Winkeln des Motors sichergestellt. Den ersten Werkseinsatz eines 911 im Motorsport absolvieren Werksfahrer Herbert Linge und Peter Falk 1965 bei der Rallye Monte Carlo. Das Team der Ingenieure belegt auf Anhieb Platz fünf im Gesamtklassement – der Beginn einer beispiellosen Erfolgsserie des 911 auf den Rennpisten dieser Welt. Wie wegweisend die Motorkonstruktion war, zeigt sich daran, dass dieses Triebwerk noch Jahrzehnte später – inzwischen mit Wasser gekühlt und verschärften Abgasgesetzen angepasst – absolut konkurrenzfähig ist.

Im Modelljahr 1967 gesellt sich zur Basisversion das stärkere S-Modell mit 160 PS (118 kW) mit geänderten Zylinderköpfen, geschmiedeten Kolben und einer sportlicheren Nockenwelle. Innenbelüftete Scheibenbremsen und sportlichere Stoßdämpfer tragen der gesteigerten Leistung Rechnung, ebenso wie die Felgen, die gegenüber dem Serien-Elfer um drei Kilogramm pro Rad erleichtert werden. Diese geschmiedeten Leichtmetallräder sorgen für geringere ungefederte Massen und damit für die erwünschte spontanere Reaktion des Fahrwerks. Die Fuchs-Felge wird bald selbst zu einer Ikone – und zu einem der begehrtesten Accessoires auch für die schwächeren 911-Modelle. Das charakteristische Kleeblatt-Design geht auf eine Anregung des 911-Schöpfers Ferdinand Alexander Porsche zurück. Auch hier gilt: Es gibt Formen, die man nicht verbessern kann.

Neben dem S für Sport gibt es ab Modelljahr 1967 die Version L (Luxus) mit 130 PS, im Modelljahr 1968 kommt noch die günstigere T-Version (Touring) mit 110 PS (81 kW) für weniger leistungshungrige Kunden hinzu. Ein Jahr darauf führt Porsche erstmals eine mechanische Kraftstoffeinspritzung in der Serie ein, die bereits seit 1966 von der Rennabteilung eingesetzt wurde. Der 911 E leistet mit seinem 2,0-Liter-Motor nun 140 PS (103 kW), der 911 kommt auf 170 PS (125 kW). Der 911 T wird weiterhin mit Vergasermotor angeboten.

Gert Hack testete das Einstiegsmodell im Jahr 1968 für *auto, motor und sport*. „Hat man erst einmal in einem Porsche Platz genommen – der 911 T macht hier durchaus keine Ausnahme – so kommt man nicht umhin, der im Wageninnern waltenden, durchdachten Perfektion Anerkennung zu zollen", befand er. „Alles liegt, wo es hingehört. Scheinbar automatisch finden Hände und Füße – auch ohne Betriebsanleitung – die richtigen Hebel, Pedale und Knöpfe, Verwechslungen sind nahezu ausgeschlossen. Die Augen des Fahrers erblicken fünf große und eindeutig klare Instrumente." Das Fahrverhalten charakterisiert Hack einigermaßen kritisch: „Zwar bietet das Auto, solange man sich nicht in Grenzwerten bewegt, sichere und unproblematische Fahreigenschaften, doch erfordert das Fahren im Kurvengrenzbereich viel Fingerspitzengefühl und Konzentration, um ein zu starkes Übersteuern oder gar ein Ausbrechen des Hecks zu vermeiden. (...) Im Ganzen gesehen verlangt der Porsche – und das dürfte für alle derzeitigen Modelle zutreffen – mehr Fahrkönnen und Aufmerksamkeit in Grenzsituationen, als der Durchschnittsfahrer zu bieten hat." Seine Anmerkungen zum Verbrauch zeigen aus heutiger Sicht, welchen Fortschritt sechs Jahrzehnte Entwicklungsarbeit bei Verbrennungsmotoren gebracht haben. „Selbst bei schärfster Fahrweise war der 911 T nicht über 16 Liter/100 km zu bringen, was angesichts der dabei erreichbaren Durchschnittsgeschwindigkeiten einen niedrigen Wert darstellt. Bei mittelschneller Fahrweise – selbst dann zählt man noch zu den schnellsten Verkehrsteilnehmern – laufen nicht mehr als 13 Liter/100 km durch die beiden Weber-Dreifachvergaser." Wie sich die Zeiten ändern. Der Kraftstoffverbrauch eines Porsche Carrera liegt heute nach WLTP zwischen 10,8 und 10,4 l/100 km.

In den Jahren nach 1968 wachsen Hubraum und Leistung scheinbar unaufhaltsam an, gemäß dem eigenen Anspruch des Hauses, immer Vorreiter bei der technischen Entwicklung zu sein. Die Spitze markiert im Modelljahr 1973 der 911 Carrera RS 2.7 mit dem seiner Typbezeichnung entsprechenden Hubraum und einer Leistung von 210 PS (154 kW). Kennzeichnend für das schnellste deutsche Serienauto seiner Zeit ist der Heckspoiler, ein absolutes Novum für Straßenfahrzeuge, das bald den treffenden Namen „Entenbürzel" erhält und einen Trend begründet. Heckspoiler werden bald zum Erkennungsmerkmal für sportliche Fahrzeuge und viele Besitzer eines „normalen" 911 rüsten mit einem Entenbürzel auf. Einen Frontspoiler hat Porsche schon 1971 eingeführt. Die Erhebung auf der Motorhaube drückt den 911 Carrera RS 2.7 bei schneller Fahrt auf die Straße und versorgt den Heckmotor mit zusätzlicher Kühlluft. Dabei wird der Effekt ohne Luftwiderstandserhöhung erzielt – im Gegenteil: Die Höchstgeschwindigkeit wächst um 4,5 km/h auf damals atemberaubende 245 km/h.

Um die Homologationsvorschriften für die Gruppe 4 – Spezial-GT-Fahrzeuge – zu erfüllen, müssen mindestens 500 Exemplare des erstarkten und erleichterten Elfers gebaut werden. „Sein Repertoire: Per Achse zum Rennen und wieder nach Hause", preist die Porsche-Werbung den Einsatzradius des neuen Spitzenmodells an. „Montag ins Büro. Dienstag nach Genf. Abends zurück. Mittwoch zum Shopping. City. Stauung. Kriechverkehr, aber keine Kerze verrußt, keine Kupplung streikt. Donnerstag Landstraße, Autobahn, Serpentinen, Feldwege, Baustellen,

Freitag nur Kurzstrecke und immer wieder Kaltstarts. Samstag mit Urlaubsgepäck nach Finnland. Carrera RS – beim Sprint wie beim Marathon voll unerschöpflicher Reserven."

Ein Rennwagen für die Straße, den es bei Porsche so noch nie gab. Am 5. Oktober 1972 wird das neue Modell auf dem Pariser Autosalon vorgestellt, Ende November sind alle 500 geplanten Fahrzeuge verkauft. Bis zur Ablösung des Modells im Juli 1973 kann Porsche den Absatz verdreifachen. Der Erfolg überrascht selbst die Marketingstrategen des Unternehmens. So werden insgesamt 1.580 Fahrzeuge hergestellt. In der Rennversion, die mit Dünnblechen, dünnen Scheiben, Kunststoffteilen und dem Verzicht auf Dämmung auf unter 900 Kilogramm abgespeckt wird, entstehen 55 Einheiten. In der Leichtbauversion Sport, dem wählbaren Ausstattungspaket M471, baut Porsche 200 Exemplare. Dabei wird das Interieur je nach Kundenwunsch und Produktionsdatum auf das Notwendigste beschränkt, unter anderem fehlen Rücksitze, Teppiche und eine Uhr, Kleiderhaken und Armlehnen. Optional ersetzen zwei leichte Sitzschalen die schwereren Sportsitze. Sogar das Porsche-Wappen auf der Fronthaube wird anfangs geklebt. Damit kommt der Carrera RS 2.7 auf gerade mal 960 Kilogramm Leergewicht. Die rund 115 Kilogramm schwerere Touring-Version (M472) wird 1.308-mal geordert.

Mit der Modellbezeichnung des Carrera RS 2.7 wird Markengeschichte geschrieben. Erstmals trägt ein Elfer den Schriftzug Carrera. Das bedeutet im Spanischen „Rennen" und weckt sofort Assoziationen an den südamerikanischen Langstreckenklassiker Carrera Panamericana. Auch beim 356 wurden damit die jeweils stärksten Versionen mit dem sogenannten Fuhrmann-Motor gekennzeichnet. In späteren Jahren wird sich die eingängige Bezeichnung quer durch nahezu alle 911-Versionen durchsetzen (Ausnahme: Turbo). Das beim Carrera RS 2.7 erstmals verwendete Kürzel RS für Rennsport wird Ende der 1980er-Jahre bei der Baureihe 964 wiederaufleben und fortan die jeweils besonders sportlichen Versionen des 911 auszeichnen.

Einen nachhaltigen Trend begründet auch ein anderes Modell des Ur-Elfers: Der Targa, ein Cabrio mit feststehendem Überrollbügel. „Das erste serienmäßige Sicherheitscabriolet der Welt" – mit dieser Schlagzeile präsentiert Porsche im September 1965 den ersten 911 Targa auf der Frankfurter IAA. Es ist auch eine Reaktion auf die verschärften Sicherheitsgesetze in dem so wichtigen US-Markt. Erst kurz vor der Weltpremiere meldete Porsche die neuartige Verdecklösung unter dem Aktenzeichen 1 455 743 beim Deutschen Patentamt an. Die Innovation des neuen Sportwagenmodells ist der Bügel, der sich vom im Rennsport bewährten Überrollbügel ableitet und ein hohes Maß an Insassenschutz garantiert. Zudem trägt der Bügel erheblich zur Stabilität der Karosserie bei. „Targa Florio, traditionsreiches Langstreckenrennen in den sizilianischen Bergen. Sizilianischer Frühling, südliche Sonne, sommerliche Temperaturen", erklärt ein Porsche-Prospekt ungewöhnlich malerisch die Idee hinter dem Bügel. „Das italienische Wort ‚Targa' bedeutet auf Deutsch ‚Schild': Der Sicherheitsbügel stellt einen echten Schutzschild für die Fahrgäste dar. Völlig neue Variationsmöglichkeiten, die weit über den herkömmlichen Komfort von Cabriolets hinausgehen, sind gegeben."

Das ist nicht übertrieben: Mit seinem herausnehmbaren Faltdach und der mit einem Reißverschluss zu öffnenden Kunststoff-Heckscheibe ist der Targa äußerst wandlungsfähig – von ganz geschlossen bis ganz offen, je nach Stimmung und Witterungslage. Ab dem Modelljahr 1969 wird standardmäßig eine – auf Wunsch beheizbare – Glasscheibe eingebaut. Sie verbessert die Rundumsicht erheblich, allerdings lässt sie sich nicht mehr herausnehmen. Das praktische Kunstleder-Faltdach bleibt dem Targa zunächst für drei 911-Generationen erhalten, bis es vorübergehend durch ein überdimensionales Glas-Schiebedach ersetzt wird. Der Hauptgedanke des 911 Targa ist eindeutig sein hoher passiver Sicherheitsstandard, der von vielen Kunden geschätzt wird: Bereits Anfang der 1970er-Jahre liegt der Targa-Anteil der 911-Baureihe bei rund 40 Prozent.

Der Targa ist auch beim 992 eine äußerst attraktive Modellvariante. Die Fans nehmen mit Freude zur Kenntnis, dass der charakteristische Bügel schon mit der vorigen 911-Generation (991) wieder Einzug gehalten hat. Das Öffnen und Schließen des Daches geschieht jetzt allerdings nicht mehr von Hand, sondern bequem per Tastendruck und mithilfe von allerlei elektrischen und hydraulischen Helferlein. Der „Tanz der Scharniere" ist für Passagiere wie Passanten immer wieder ein beeindruckendes Schauspiel. Erst hebt sich die schwere Glasscheibe, kippt und fährt nach hinten. Weil sie über das Heck hinausschwenkt, überwacht der serienmäßige Park-Assistent während des ganzen Vorgangs den Bereich hinter dem Fahrzeug zum Schutz vor Beschädigungen. Dann wird das Softtop gefaltet und hinter die Rücksitze gelegt. Zuletzt fährt die Scheibe zurück an ihren Platz.

Knapp 60 Jahre liegen also zwischen dem ersten und dem aktuellen Targa. Das Beispiel zeigt anschaulich, wie sich die Porsche-Entwickler und -Ingenieure immer wieder selbst in ihrem Streben nach Perfektion überbieten. Die „Vervollkommnung dieses faszinierenden Gefährts" überlässt man schon lange nicht mehr den Kunden. Es gibt nichts, buchstäblich nichts, was im Lauf der Jahrzehnte nicht Dutzende Male hinterfragt, neu durchdacht, neu konzipiert und neu konstruiert wurde. Die Kunst dabei ist, mit dem 911 die Porsche-Tradition und -Identität zu bewahren und gleichzeitig in Performance, Effizienz und Design der Maßstab für die Klasse zu bleiben. Das ist bisher noch immer gelungen.

Rund 81.000 Exemplare werden zwischen den Jahren 1964 und 1973 vom Ur-Elfer produziert, in der siebten Generation (991) rollt der einmillionste 911 am 11. Mai 2017 im Traditionsstandort Stuttgart-Zuffenhausen vom Band, und die aktuelle Baureihe 992 verkauft sich im Jahr 2022 mit mehr als 40.400 Auslieferungen so gut wie noch nie, nachdem bereits im Jahr zuvor mit rund 38.400 Einheiten ein neuer Absatzrekord aufgestellt wurde. Nach 60 Jahren ist der 911 begehrter denn je.

Der Erfolg gebiert den Erfolg, und das schlägt sich nicht zuletzt in einer geradezu überbordenden Modellvielfalt nieder. Zur Auswahl stehen: Carrera, Carrera 4, Carrera S, Carrera 4 S, Carrera GTS, Carrera 4 GTS, Turbo und Turbo S – jeweils in den Karosserievarianten Coupé und Cabriolet. Dazu kommen noch Targa 4, Targa 4 S, Targa 4 GTS sowie GT3, GT3 Touring und GT3 RS. Für Puristen wird zusätzlich das gewichtsreduzierte und sportlich ausgelegte Carrera T Coupé angeboten. Damit sind es schon 23 verschiedene Varianten, mit denen wirklich jede Nische in der Nische besetzt ist – nicht eingerechnet die Sondermodelle, wie der auf 2.500 Exemplare limitierte 911 Dakar. Der weltweit erste Sportwagen, der für Offroad-Fahrten ebenso geeignet ist wie für schnelle Fahrten auf Asphalt und den souveränen Auftritt in der Stadt, ist er eine Reminiszenz an die erfolgreichen Einsätze bei den Langstreckenrallyes der 1980er-Jahre. Das auf Wunsch lieferbare Rallye Design Paket bezeichnet Porsche als „Verneigung vor dem historischen Original. Die Bi-Color-Lackierung in Weiß/Enzianblaumetallic mit Dekorstreifen in Gold/Rot und weiß lackierte 19/20-Zoll Räder mit All-Terrain-Bereifung sind eine Hommage an den legendären Porsche 953 von 1984."

Aber das ist längst nicht alles: Ein Targa 4 S aus der Heritage Design Edition ist das erste von vier Sammlerstücken der Porsche Exclusive Manufaktur, die historische Designelemente im Exterieur und Interieur mit modernster Technologie vereinen. Ein weiteres Modell, das Sport Classic-Coupé, soll an die 1960er-Jahre erinnern – und an seine legendären Vorgänger: den Ur-Elfer und den 911 Carrera RS 2.7. Der 911 S/T auf der Basis des GT3 Touring ist eine Hommage an das nur 24-mal gebaute Rennsport-Sondermodell aus den 1970er-Jahren. Ein weiteres Modell soll noch folgen.

Mit diesen Sonderserien aus der Porsche Exclusive Manufaktur zitiert das Unternehmen stolz die eigene Geschichte. Inzwischen sind Heritage-Design-Ausstattungspakete auch für die übrigen 911-Modelle lieferbar. „Mit den Heritage Design Modellen wecken wir bei Kunden und Fans Erinnerungen an die 50er-, 60er-, 70er- und 80er-Jahre. Damit erfüllen wir die Wünsche unserer Kunden", erklärt Oliver Blume, Vorstandsvorsitzender der Porsche AG. „Keine Marke kann diese Elemente so gut in die Moderne übertragen wie Porsche."

Damit drückt der oberste Porsche-Fan genau diese Faszination aus, die so schwer zu erklären ist. Auch beim neuesten Modell fährt die 60-jährige Geschichte immer mit, obwohl der 992 mit all seinen Hightech-Features alles andere als ein Oldtimer ist. Wer in einen 911 – gleich welcher Generation – einsteigt, fühlt sich sofort wie zuhause. Und das nicht nur, weil das Zündschloss links liegt und der Drehzahlmesser in der Mitte der fünf Anzeigeinstrumente prangt. Es ist deshalb nicht paradox zu sagen, beim 911 bestünde mehr als bei jedem anderen Fahrzeug der Reiz des Neuen im Vertrauten.

So spielt es auch keine Rolle, dass ein 911 heute nicht mehr auf schmalen 4,5 Zoll-Felgen mit 165 HR 15-Bereifung steht, sondern im Fall des 992 Turbo S mit optionalen Exclusive Design Rädern mit mächtigen 9,5 J x 20 Zoll- (vorn) und 12 J x 21 Zoll-Leichtmetallfelgen (hinten) mit extremen Niederquerschnittsreifen der Dimension 315/30 ZR 21 (vorn 255/35 ZR 20) ausgestattet ist. Wichtig: Wer genau hinschaut, kann bei diesen „geschmiedeten Leichtmetallrädern, einteilig mit Zentralverschluss. In Platinsilber lackiert, mit glanzgedrehten Designlinien und glanzgedrehtem umlaufenden Rand. Inkl. Radnabenabdeckungen mit farbigen Porsche Wappen" (so die vollständige Beschreibung für Interessenten im Online-Konfigurator) mit ihren fünf Doppelspeichen die Reminiszenz an die legendären Fuchs-Felgen der frühen Jahre entdecken. Das ist Heritage Design at its best.

Direkt der Zukunft zugewandt ist die technische Basis dieses Supersportwagens. Performance und Effizienz legen mit jeder Entwicklungsstufe des 911 zu. Der Turbo S markiert die derzeitige Spitze mit VTG-Biturboaufladung und atemberaubenden 650 PS (478 kW), was exakt einer Verfünffachung der 130 PS des ersten Jahrgangs entspricht.

Für die individuellen Bedürfnisse steht in der aktuellen 911-Generation auf Wunsch eine Fülle an Assistenzsystemen zur Auswahl, von denen vor 60 Jahren selbst die größten Visionäre nicht hätten träumen können. Beispielsweise der Wet Mode, der dem Fahrer auf rutschiger Fahrbahn hilft. Die Porsche Dynamic Chassis Control (PDCC), ein aktives Fahrwerkregelsystem zur Wankstabilisierung und Steigerung von Fahrdynamik und Komfort. Oder eine Hinterachslenkung, die unter anderem für zusätzliche Agilität und einen reduzierten Wendekreis bei niedrigen Geschwindigkeiten sorgt. Scheinwerfer werden zu Hightech-Wunderwerken: Die simplen H4-Halogenleuchten wurden längst ins Museum verbannt. Heute sind LED-Hauptscheinwerfer mit Matrixtechnologie und Porsche Dynamic Light System Plus (PDLS Plus) das Maß der Dinge. Sie bieten unter anderem im markentypischen 4-Punkt-Lichtdesign ein elektronisch gesteuertes Kurvenlicht, kamerabasiertes Erkennen vorausfahrender und entgegenkommender Fahrzeuge und gezieltes Ausblenden einzelner Segmente des permanenten Fernlichtkegels sowie ein segmentweises Ausblenden reflektierender Verkehrsschilder zur Vermeidung von Fahrerblendung. Dazu wäre bei Bedarf noch ein Nachtsichtassistent verfügbar. Er hebt erkannte Fußgänger gelb hervor. Passanten in kritischer Entfernung und größere Wildtiere erscheinen rot, und der Fahrer wird optisch und akustisch gewarnt. Am Ende der Fahrt übernimmt Remote ParkAssist das Einparken, gesteuert durch das Smartphone. Mit Hilfe der Ultraschall- und Kamerasysteme erkennt das System automatisch Parklücken und übernimmt völlig selbstständig das Rangieren. Ausparken funktioniert auf diese Weise selbstverständlich auch.

So wird die Idee vom schnellen Reisewagen, die einst am Anfang der 911-Entwicklung stand, auf völlig neue Weise interpretiert. Der 911 hat sich in den vergangenen 60 Jahren zum schnellen, sicheren, komfortablen und voll vernetzten Hightech-Kraftpaket entwickelt. Und dennoch dürften Traditionalisten unter den Kundinnen und Kunden mit einiger Beruhigung zur Kenntnis nehmen, dass bei den meisten 911-Versionen statt des 8-Gang Porsche Doppelkupplungsgetriebes (PDK) auch ein mechanisches 7-Gang-Schaltgetriebe zur Wahl steht. Für einen Rest an urwüchsigem Fahrgefühl: Lenken, Kuppeln und Schalten – fast wie früher.

Ohnehin stellt sich mit jeder neuen Generation die Frage: Wie perfekt soll, wie perfekt darf ein 911 sein? Das bewegte auch das Fachmagazin *auto, motor und sport* im April 2020 bei einem Fahrbericht des bislang stärksten Elfers, des neuen Turbo S. „Die Grundfesten Sechszylinder-Boxer im Heck, Biturbo-Aufladung mit variabler Ladergeometrie, Doppelkupplungsgetriebe, Allradantrieb mit Torque-Vectoring, Allradlenkung, adaptive Motorlager, Wankstabilisierung sowie aktive Aerodynamik blieben, wenn auch modifiziert“, stellt Tester Jörn Thomas mit Genugtuung fest, und er findet auch anerkennende Worte für eine zuweilen umstrittene Innovation: „Die Lenkung mit griffigem Alcantara-Kranz, griffigem Handmoment und stets präziser Rückmeldung. Natürlich kommt immer irgendwer unter einem Stein hervor, beklagt dies oder das, zu leicht, zu schwer – und überhaupt: elektrisch. Wir sagen: Diese Lenkung ist top. Vom ersten Rangieren übers Landstraße-Gondeln bis zum Sporteln und der ernsten Attacke.“ Geradezu begeistert ist der erfahrene Tester vom Fahrverhalten: „Auch sonst zeigt der Elfer klare Kante, hält die Fahne des klassischen Sportlers hoch. Zumindest mit dem (erstmals erhältlichen) optionalen Sportfahrwerk und der Sportabgasanlage. Das Teil klingt so richtig nach Verbrennungsmotor, ohne den Fahrer ins soziale Aus zu brandmarken, während das Sportfahrwerk den Turbo S vom Vorwurf des Langstrecken-Softie freispricht. Bodenwellen stellt er realistisch durch, egal ob auf Landstraße oder Autobahn.“

Fazit des engagierten Fahrberichts: „So verbindet der neue Turbo S charmant Vergangenheit und Zukunft, bietet nicht nur Gusseisernen eine bis zu 330 km/h schnelle Allrad-Herberge.“

Glück gehabt. Den zu perfekten Elfer gibt es anscheinend nicht. Nur den, der die aktuellen Maßstäbe in seiner Klasse setzt und dennoch eine Ausnahmeerscheinung bleibt. Gute Perspektiven für die neunte, zehnte und alle folgenden Generationen. Seien sie nun benzin- oder elektrogetrieben. Oder beides.

G-Serie

1973 — 1989

Illustration:
Team Style Porsche

Fotos:
Markus Bolsinger

Zitat:
Michael Mauer

G-Serie

„Die Form gibt dem 911 seine Seele – dafür braucht das Design Ruhe und Klarheit. Für mich heißt das: lieber eine Linie weniger als eine zu viel. Die G-Serie ist ja noch extrem nah dran am Urelfer. Aber das Chrom ist verschwunden. Stattdessen bewusstes Schwarz, auch bei den Spiegeln und dem Stoßfänger mit Faltenbalg. Es ist zu sehen, dass Purismus der wahre Luxus ist."

Elfer hinter Glas – und doch kein lebloses Museumsstück

S GO 489H

OUTSIDE

Die Erotik einer sanft abfallenden Flyline

Mehr über weniger

Die Fortschreibung der Ur-Idee hat mit der G-Serie begonnen. Ein formal stimmiges Produkt kommt aber immer noch ohne Verzierung aus.

von
Elmar Brümmer

Nicht einfach in Weiß, sondern Grand-Prix-Weiß. So viel Zeit für Tempo muss sein, um der Elfer-Generation, die am längsten von allen läuft, die Ehre im Designstudio zu erweisen. Der Fotograf hat den Stellvertreter der so genannten G-Serie im Innenhof arrangiert, von hier drinnen lässt sich der Sportwagen wie durch ein Fenster in die automobile Zeitgeschichte betrachten. Michael Mauer drückt sich nicht die Nase platt an der Scheibe, dafür ist er viel zu sehr Feingeist, aber er geht mal weiter weg, mal näher ran. Design ist immer eine Frage der Perspektive.

Wir folgen seinem Blick, und wir sehen förmlich eine Bildunterschrift plastisch werden, die in Wirklichkeit ein Satz aus der Schöpfungsgeschichte des Porsche 911 ist, und von Ferdinand Alexander Porsche stammt: „Ein formal stimmiges Produkt braucht keine Verzierung, es soll durch die reine Form erhöht werden." Ein Manifesto, das auch Michael Mauer sofort unterschreiben würde, schwingt es doch beim Zeichnen immer mit im Hinterkopf. Und dieser Mann zeichnet von morgens bis abends.

Auf der Höhe seiner Zeit

Es ist gerade das „Weniger ist mehr", das den Elfer von G wie Gestern bis 992 wie Heute prägt. Und es stellt die prägenden Thesen des Industriedesigners Dieter Rams auf Räder. An die vielleicht wichtigste sei in Zusammenhang mit diesem Modell noch einmal erinnert: „So wenig Design wie möglich!" Wenn Michael Mauer gestaltet, dann wird seine ganzheitliche Denke gerade beim Elfer plastisch: „Ich sehe das Auto eigentlich als Skulptur. Erst danach folgen das Styling und die Arbeit an den Details." Das stützt auch Mauers These, dass Purismus der wahre Luxus ist.

Bei der Bildhauerei der Karosserie gilt selbstredend jene Mauer'sche Einschränkung, dass Design nicht in den Kunstbereich abschweifen dürfe, weil der Künstler erstmal für sich gestalte. Designer aber verfolgen ihre künstlerische Ader im Interesse einer ganzen Menge Menschen, bei Porsche sind es meistens Enthusiasten. Deshalb ist immer auch eine gewisse Coolness gefragt. In diesem Zusammenhang sei bemerkt, dass der schlichte Blouson, den der Chefdesigner zum Fototermin trägt, eine Nachempfindung jener Windjacke ist, die einst Steve McQueen in seiner filmischen Hommage an Porsche und den Rennsport namens „Le Mans" trug. Zeitloser Chic, passend zu einem Modell, das ganz auf der Höhe seiner Zeit war.

Was Michael Mauer, inzwischen in den Lichthof des Designzentrums von Style Porsche getreten, bei der G-Serie spürt und bei ihren Folgemodellen spüren lassen will, folgt einem emotionalen Grundgedanken: Die Form gibt dem Neunelfer seine Seele. Und damit das gelingen und erhalten werden kann, müssen Porsche-Designer nach Mauer-Lesart immer die empathische Führung für ein neues Modell übernehmen. Die vor ihm stehende Weiß-Schwarz-Interpretation passt perfekt zu seinen mahnenden Worten: „Gutes Design braucht Ruhe und Klarheit. Porsches Design ist reduziert, puristisch, nicht dekorativ. Lieber eine Linie weniger als eine zu viel."

Wohl auch deshalb gefällt ihm, dass die G-Serie „noch extrem nah dran an ihrem Vorgänger“ ist. Eine ungebrochene Linie, weil die große Idee zum Ideal geworden ist, nicht nur bei der Silhouette. „Absolut stimmig“, ruft Michael Mauer aus, nachdem er die Seitenansicht minutenlang so studiert hat, als würde er sie zum ersten Mal sehen. Als er das sagt, hat er sich gerade über die Heckpartie gebeugt, und die ausgeprägten Schultern gehören auch hier zum goldenen Schnitt des Sportwagenbaus. Nahezu jeder, der schon den frühen Elfer als „timeless machine“ ansieht, kann bestätigen: Vieles ist reine Form-Sache, bewusst mit Bindestrich geschrieben, weil das treffender und verbindlicher ist. Es ließe sich auch behaupten: Design und Schnelligkeit sind eine äußerst harmonische Symbiose eingegangen, dem Porsche-Grundsatz „form follows function“ entsprechend. Nüchtern und emotional zugleich, ganz schön cool eben.

„Flyline“ nennen sie bei Porsche die besonders in der Seitenansicht deutlich erkennbare Linie, mit der das Dach über den Rücken bis ins Heck übergeht. Ein Schwung, der das 911-Design von Beginn an prägt, und eine Silhouette, die lange halten soll. Schon die G-Serie übertrifft bei weitem die allgemeingültige These, dass eine Autogeneration für sieben Jahre gedacht ist. Allein die seitliche Fenstergrafik würde den Elfer sofort erkennbar machen. Und noch ein Detail ist für diese Baureihe stilprägend – die in Relation zum Grundkörper des Wagens schmal geschnittene Kabine.

Warum Design nie langweilen darf

„Greenhouse“ ist einer der liebsten – und in diesem Zusammenhang auch wichtigsten – Fachbegriffe, den Michael Mauer bei der Erklärung der G-Serie benutzt: „Die Kabine ist noch identisch mit dem Vorgänger. Sie wirkt etwas anders, da das Chrom aus den Umrandungen der Fenster verschwunden ist, wir sehen jetzt ein schlichtes und starkes Schwarz.“ Mauer sagt natürlich nicht Fensterumrandung, sondern DLO (daylight opening). Das Kürzel wird im Wörterbuch der Autodesigner so erklärt: „Bei Öffnungen an der Seite des Fahrzeugs, die keine Türöffnung sind, ist es der Ort aller Punkte, an denen eine horizontale Linie senkrecht zur Längsmittellinie des Fahrzeugs den Umfang der Öffnung tangiert.“ Apropos Öffnung, wie der Laie das Wort versteht: Die Türgriffe sind ebenfalls schwarz gehalten, was einen starken Akzent setzt. Gleiches gilt in der Heckansicht für die Lamellen über dem Motor. Auch ein Ausdruck für das gedankliche Ausrufezeichen: „Design darf nicht langweilen …“

Nach diesem sprachlichen Ausflug lassen wir uns lieber weiter von Michael Mauer Prägendes aus dem Elfermaleins vorrechnen: „Die Kotflügel sind bei einem Porsche immer höher als die Haube. Das hört sich so banal an. Ist es aber ganz und gar nicht, wenn man sich die Wirkung anguckt.“ Für ihn tragen solche Grundsätzlichkeiten dazu bei, dass der Elfer scheinbar nicht altert. Blickwechsel nach vorn: „Der typische Fugenverlauf ist gut erkennbar, und das Gesicht wird dadurch geprägt, dass er keinen klassischen Kühlergrill hat.“ Würden wir einen Design-Krimi schreiben, dann könnte er „Der Elfer-Code“ heißen. Ob damals schon das Wort „benchmark“ für den allgemeinen Sprachgebrauch erfunden war?

Die auffälligste optische Änderung gegenüber den ersten Elfer-Serien betrifft den Stoßfänger mit dem so genannten Faltenbalg, der durch eine Vorschrift der US-Behörden nötig wird. Bei einer Geschwindigkeit bis acht km/h dürfen bei einem Aufprall demnach keine Schäden am Wagen auftreten. So ist die Ziehharmonika am Ende des Stoßfängers entstanden, korrekt als integrierte elastische Pralldämpfer zu bezeichnen. Mauer sieht darin retrospektiv ein „Zugeständnis an das Thema Sicherheit, durch das ein bisschen Filigranes verloren geht“. Andererseits wirkt es mit reichlich zeitlichem Abstand betrachtet fast schon wieder als charakterbildende Maßnahme für die zweite Generation des Elfers.

Eine klare Linie fortführen

Kann eine Felge charismatisch sein? Oh ja, wenn das Design stimmt. Wie ein schwarzes Loch wirkt das Radinnere unserer G-Serie von weitem, nur um bei genauerem Hinsehen die markante Anordnung der Streben freizugeben, die an Windmühlen erinnern. Hersteller Otto Fuchs aus dem Sauerland bezeichnet seine Erfindung daher beharrlich als „Flügelrad“. Exklusivität und Sportlichkeit gleichermaßen strahlen sie aus und passen perfekt zum Neunelfer. Aber auch hier ist das Aussehen Ausdruck der perfekten Vollendung. Die Vorteile des ersten geschmiedeten Radkranzes liegen in seinem geringen Gewicht bei gleichzeitiger Robustheit. Aufgezogen auf einen Elfer legen sie den Grundstein für eine gemeinsame große Historie. Zwar sind die Felgen aus dem Hause Fuchs auch bei anderen Herstellern im Angebot, aber der Elfer wird immer das Synonym dafür bleiben.

Ferdinand Alexander Porsche, der Schöpfer, konnte gut über seine Gestaltung dozieren, und Michael Mauer wird es gern hören: „Grundlage meiner Designarbeit ist eine ganz spezifische Auffassung von Freiheit. Diese verlangt, alle Dinge prinzipiell in Frage stellen zu können und mit dem dadurch geschaffenen Freiraum konsequent und verantwortungsbewusst umzugehen.“ Die Verantwortung des Designers lag für F.A. immer darin, die Dinge im Fluss zu halten und sich nicht mit dem Bestehenden abzufinden. Dem ältesten Sohn von Ferry Porsche ging es immer um das Sein, nie um den Schein. So hat der Porsche 911 alsbald seinen Platz in der Sammlung des Museum of Modern Art in New York gefunden. Bescheiden kommentierte der Designer: „Es lag nicht an mir, es lag an der Aufgabenstellung.“ Ein Mann der klaren Linie, deren Fortschreibung mit der G-Serie durch Anatole Lapine begann.

Im Jubiläumsjahr 2023, als Porsche 75 Jahre Sportwagenbau und 60 Jahre Elfer feiert, wird die Abteilung von Michael Mauer ein Merkmal überarbeiten, dass auch die G-Serie stolz schmückt. Das Porsche-Wappen trägt nicht mehr die grellroten Streifen, lässt den württembergischen Geweihen mehr Luft zum Atmen, glänzt güldener und hat den Schriftzug Stuttgart jetzt in Schwarz. Dazu ist es oben breiter geworden und insgesamt mehr in die Länge gezogen. Klassische Reduktion.

S GO 489H
Porsche Museum

TANK
OIL
VDO
EUROSUPER
BLEIFREI
TEMP
OIL
DRUCK
PRESS
VDO
1/min
×1000
VDO

S GO 489H

G-Serie – Der Dauerbrenner

Die zweite 911-Generation startet mit einem klaren Statement: Der 930 Turbo definiert Leistung und Effizienz neu – und belegt, wie ausbaufähig das Konzept des 911 ist.

von
Thomas Ammann

Foto:
Unternehmensarchiv der Dr. Ing. h.c. F. Porsche AG

Es klingt heute unglaublich, aber die Modelle der G-Serie hätten um ein Haar das Ende der Ära 911 für Porsche markiert. „Wie lange wird er noch gebaut?" fragt *auto, motor und sport* im Dezember 1976. Da war der 911 gerade im 13. Produktionsjahr. Für Ernst Fuhrmann, seit 1972 Sprecher des Vorstands der Porsche AG, ist die Antwort klar. Der Vollblutingenieur, einst Schöpfer des landläufig nach ihm benannten Königswellen-Motors für den 356 Carrera und 550 Spyder, glaubt nicht an die Zukunft des luftgekühlten Heckmotorwagens, dessen Grundprinzip noch auf den Volkswagen Käfer zurückging.

Vorausgegangen waren turbulente Jahre beim Zuffenhausener Sportwagenhersteller. Nach einem internen Streit unter den Eigentümerfamilien Porsche und Piëch wurde in der PS-Dynastie entschieden, sämtliche Familienmitglieder sollten sich aus dem Management des Unternehmens zurückziehen. Fortan würden externe Manager die Geschicke des Sportwagenbauers leiten. Die Wahl fiel auf Fuhrmann.

Unter seiner Regie kommt Anfang 1976 der 924 auf den Markt, ein moderner Sportwagen mit wassergekühltem Frontmotor, Transaxle-Antrieb, passablen Notsitzen in der zweiten Reihe und einem geräumigen Kofferraum unter einer großen Glaskuppel im Heck. Er entwickelt sich im Lauf seiner rund 12-jährigen Bauzeit mit rund 150.000 Exemplaren (inkl. 924 S und 924 Turbo) zu einem Verkaufserfolg. Als „großer Bruder" wird 1977 der 928 mit Achtzylindermotor und einer Leistung von anfangs 240 PS (177 kW) vorgestellt. Die Familienähnlichkeit zum 924 ist nicht zu übersehen. Der „neue große Sportwagen" (Porsche-Werbung) war mit hohem Aufwand und immensen Kosten völlig neu konstruiert worden, unter dem Eindruck der Energiekrise stand das Thema Leichtbau im Vordergrund. So wurden die Türen, die vorderen Kotflügel sowie die Motorhaube aus Aluminium statt aus Stahlblech gefertigt. Mit einer Länge von 4,52 und einer Breite von mehr als 1,83 Metern überragte er den 911 deutlich. Als erster Sportwagen wurde er 1978 von einer Fachjury sogar zum „Auto des Jahres" gewählt.

Plötzlich sieht der Alte reichlich alt aus. Jedenfalls scheint es zeitweilig so. Zudem mehren sich düstere Anzeichen auf dem für Porsche überlebenswichtigen US-Markt: Lärm-, Abgas- und Sicherheitsbestimmungen würden so verschärft, fürchten die hausinternen Gegner des 911, dass sie die betagte Konstruktion niemals erfüllen könne. Das Problem: Die Stückzahlen des 928 bleiben trotz ständiger Weiterentwicklung äußerst verhalten. Er ist eher klassischer Gran Turismo als reinrassiger Sportwagen und konnte genau deshalb den 911 nie ersetzen.

Der 928 sei „das falsche Auto zu dieser Zeit" gewesen, „vor allem, weil es viel größer erschien, als es tatsächlich war", sagt Wolfgang Porsche, in den 1970er-Jahren noch Student, inzwischen Aufsichtsratsvorsitzender der Porsche AG, anlässlich des 70. Firmenjubiläums 2018 in einem Interview mit dem Magazin *stern*. „Wir entschieden dann, dass der 911 weitergebaut wird. Was würden wir heute ohne ihn machen?" Und auf die Gegenfrage, ob es Porsche dann überhaupt noch gäbe, antwortet er: „Wahrscheinlich nicht."

Statt ihn einzumotten, bemüht man sich also tapfer, den Oldie vor seinen Gegnern in Schutz zu nehmen und trotz allem weiter Trends zu setzen. Sichtbares Kennzeichen der G-Serie sind ab September 1973 die neu gestalteten Sicherheitsstoßfänger mit ihren seitlichen schwarzen Kunststoffbälgen. Damit erfüllt Porsche neue Zulassungsvorschriften in den USA, nach denen ein Aufprall vorn oder hinten mit bis zu 5 mph (8 km/h) keine Karosserieschäden verursachen dürfe. Die wuchtigen Stoßfänger werden sechzehn Jahre lang das Erscheinungsbild dieser Modellgeneration prägen. Manche Besitzer älterer 911-Jahrgänge rüsten nun um, weil sie auf das modernere Erscheinungsbild Wert legen. Weitere Sicherheitselemente sind die serienmäßigen Dreipunktgurte sowie Sitze mit integrierter Kopfstütze für erhöhten Insassenschutz. „Äußerlich nur in Details verändert, insgesamt jedoch zu unübertroffener Perfektion gereift", preist Porsche seinen Dauerläufer damals an.

Drei verschiedene Leistungsstufen des 2,7-Liter-Motors werden mit dem Modelljahr 1974 angeboten, jeweils als Coupé oder Targa: 911 mit 150 PS (110 kW), 911 S mit 175 PS (129 kW), beide nun mit K-Jetronic, sowie der Carrera mit 210 PS (154 kW) und der aus seinem Vorgänger Carrera RS 2.7 bekannten mechanischen Einspritzanlage. Die Werbung zielt Mitte der 1970er-Jahre, in den Jahren nach der Ölkrise, vor allem auf die Vernunft: „Sein Hochleistungsmotor begnügt sich mit (wenig) Normal-Benzin; und nur alle 20.000 Kilometer muss der Porsche zur Inspektion und zum Ölwechsel", verheißt der Prospekt. Auch das Thema Nachhaltigkeit dient damals schon als Verkaufsargument. Mit dem Modelljahr 1976 führt Porsche als erster Automobilhersteller serienmäßig beidseitig feuerverzinkte Bleche ein. „Als Schrittmacher der

Schwarz-Weiß-Malerei – ohne den Chromzierrat seines Vorgängers wirkt der 911 deutlich moderner. Die Faltenbalg-Stoßfänger sind ein Zugeständnis an die Sicherheitsvorschriften, sorgen jedoch für ein bulligeres Erscheinungsbild. Geblieben sind die fast senkrechten Scheinwerfer in ihren „Kanonenrohren“, die sanft abfallende Dachlinie und die klassischen Fuchs-Felgen.

Idee des Langzeit-Autos bürgt Porsche (als einziger Hersteller überhaupt!) für sechs Jahre Rostfreiheit – und damit für eine beispiellose Werterhaltung und für höchstmögliche Erlöse beim Wiederverkauf“, lautet das dazugehörige Versprechen. Es hat sich durchaus bewahrheitet, heute lässt sich versichern: Rost ist seit dem Jahrgang 1976 für Porsche-Klassiker praktisch kein Thema mehr.

Der Spaßfaktor kommt bei Porsche zum Glück auch nicht zu kurz. Im Herbst 1974 setzt der Sportwagenbauer erstmals in einem Serienfahrzeug die Turbo-Aufladung zur Leistungs- und Effizienzsteigerung ein. Es ist wiederum ein klares Statement der Sportwagenschmiede in den Zeiten der großen Auseinandersetzungen zwischen der westlichen Welt und den Ölförderländern um die ausreichende (und ökonomisch vertretbare) Versorgung mit dem Stoff, der damals die Welt antreibt.

Die Vorstellung des Turbo-Coupés mit 3-Liter-Motor und 260 PS auf dem Pariser Automobilsalon gerät zur Weltsensation. Die verbreiterten Kotflügel, der Frontspoiler und der ausladende Heckflügel werden zu seinem Markenzeichen und begeistern eine ganze Generation von Sportwagenfans. Im Frühjahr 1975 wird das intern Typ 930 genannte Modell erstmals ausgeliefert. Der Turbo gilt – wie knapp drei Jahre zuvor der Carrera RS 2.7 – als das schnellste Serienfahrzeug seiner Zeit. Es sind zwar aus heutiger Sicht „nur“ 260 PS, die den 930 befeuern, aber das Fahrerlebnis ist mit nichts aus der damaligen Ära vergleichbar. Im unteren Drehzahlbereich wirkt der Turbo wie ein klassischer Porsche, aber oberhalb von 4.000/min bricht förmlich die Hölle los. Oder, wie Walter Röhrl es umschreibt: „Wenn man beim Turbo aufs Gas tritt, tut sich zwei Sekunden lang gar nichts, und dann hat man das Gefühl, dass einem hinten einer reingefahren ist." Die Turbos werden auch in den künftigen Generationen die jeweiligen Spitzenmodelle sein.

Bei den Saugmotor-Varianten des 911 zeigt die Leistungskurve hingegen in die andere Richtung. Im Spätsommer 1977 – Ernst Fuhrmann ist inzwischen vom Sprecher zum Vorstandsvorsitzenden der Porsche AG avanciert – wird das Programm gestrafft. Erstmals in seiner Geschichte erlebt der 911 eine Leistungsreduktion. Beim 911 SC, der sich mit leicht verbreiterten hinteren Kotflügeln optisch am Vorgänger 911 Carrera orientiert, liefert der 3,0-Liter-Sechszylinder nun 180 PS (132 kW). Er ist als Coupé und Targa erhältlich, daneben ist als Topmodell noch der Turbo im Programm, der eine Leistungskur erfährt. Auch er in Coupé- oder Targaversion. Neben einer neuen Bremsanlage mit gelochten Bremsscheiben hebt ein Ladeluftkühler die Leistung des auf 3,3 Liter vergrößerten Sechszylinders auf 300 PS (221 kW) an. Mehr Vielfalt herrscht nun bei den Frontmotor-Modellen. Offenbar versucht das Management, die Kunden mit sanftem Druck von den Vorzügen des moderneren und stärkeren 928 zu überzeugen, der bald auch in einer leistungsgesteigerten S-Version auf den Markt kommt und mit seinen 300 PS (221 kW) wohl nicht zufällig dem 911 Turbo an Leistung ebenbürtig ist.

Dass der 911 auf der Rennstrecke nach wie vor Erfolge einfährt, ist dennoch mehr als eine Randnotiz. Die Resultate belegen, dass das Grundkonzept nach wie vor mindestens konkurrenzfähig, wenn nicht sogar überlegen ist. Mit dem 935/78 „Moby Dick" entsteht die stärkste jemals gebaute Variante eines 911. Allerdings währt die Karriere des mit zwei Turboladern ausgerüsteten und bis zu 845 PS (621 kW) starken Rennwagens nur vier Rennen. Nach einem Sieg beim 6-Stunden-Rennen in Silverstone und einem achten Gesamtplatz beim 24-Stunden-Rennen in Le Mans verhindern Probleme in Vallelunga einen weiteren Erfolg. Trotz oder wegen seines kurzen Gastspiels in der Porsche-Rennhistorie wird der „Moby Dick" zur Legende. Und deshalb stellt Porsche im Jahr 2018 bei der historischen Motorsportveranstaltung „Rennsport Reunion" auf dem Laguna Seca Raceway in Kalifornien einen neuen 935 vor. Der 700 PS (515 kW) starke Rennwagen, dessen Karosserie an „Moby Dick" erinnert, wird in einer Kleinserie von 77 Stück gefertigt. Sie sind sofort vergriffen.

Im Jahr 1981 folgt der Deutsch-Amerikaner Peter W. Schutz auf Fuhrmann im Amt des Vorstandsvorsitzenden. Der Wechsel hat gravierende Auswirkungen auf die Modellstrategie. Nun ist keine Rede mehr davon, dass der 911 ein Auslaufmodell sei. Im Frühjahr 1982 wird auf dem Genfer Automobilsalon mit dem 911 SC Cabriolet erstmals wieder eine komplett geöffnete Variante vorgestellt. Integrierte Stahlblechprofile im Stoffdach verhindern, dass sich das Verdeck bei hohen Geschwindigkeiten aufbläht und sorgen gleichzeitig für einen guten Überrollschutz. Ein Elfer mit Stoffdach, ganz ohne Bügel – viele Fans weltweit hatten davon geträumt. Damit schließt Porsche siebzehn Jahre nach dem Produktionsende des 356 C Cabrios an eine große Tradition an. Der 911 wirkt plötzlich wie verjüngt. Parallel werden Coupé und Targa weiterhin angeboten. Immerhin leistet der Dreiliter-Motor des SC nun 204 PS (150 kW).

Zum 20. Geburtstag des inzwischen zum Klassiker gereiften Heckmotorwagens präsentiert Porsche den 911 Carrera mit überarbeitetem 3,2-Liter-Boxermotor und digitaler Motorelektronik. Die Leistung steigt auf 231 PS (170 kW), mit Abgas-Katalysator ausgerüstete Versionen für Überseemärkte müssen eine Leistungseinbuße von 14 PS (10 kW) hinnehmen. Der 3.2 Carrera wird bis zum Produktionsende der zweiten 911-Generation als Coupé, Targa und Cabriolet gebaut und gilt wegen seiner Robustheit und Zuverlässigkeit bis heute als eines der ausgereiftesten 911-Modelle. Als begehrte Sonderausstattung erweist sich der Werksturbolook (WTL, Code M491), der dem Carrera ein Aussehen verleiht, als sei er auf Steroiden. Der „echte" Turbo mit 3,3-Liter-Motor bleibt weiterhin unangefochten das Top-Modell.

Als krönender Abschluss der G-Serie hält 1989 eine Speedster-Variante im Turbo-Look Einzug, die sich direkt auf die Tradition der puristischen 356 Speedster der 1950er-Jahre bezieht. Der reine Zweisitzer zeichnet sich durch eine niedrigere Frontscheibe mit einem entsprechend tiefsitzenden, dünnen Stoffverdeck aus. Im geöffneten Zustand fallen sofort die beiden Höcker auf der vergrößerten Verdeckklappe auf, die einen aerodynamisch günstigen Anschluss an die Vordersitze bieten. Motorseitig bleibt es beim serienmäßigen Aggregat des Carrera 3.2. Wahlweise ist der Speedster in Exportmärkten auch mit schmaler Karosserie lieferbar. Diese mit 171 ausgelieferten Exemplaren deutlich seltenere Variante zählt heute zu den gesuchtesten Vertretern der G-Serie.

Welches Entwicklungspotenzial Porsche im 911 sieht, demonstriert das Unternehmen schon 1985 mit der Präsentation des Porsche 959. Die Leidenschaft für Wettbewerb und Hightech verbindet sich in keinem anderen Porsche so wie in diesem Supersportwagen. Entwicklungsgrundlage ist die zwei Jahre zuvor vorgestellte Studie Gruppe B, die wiederum aus einem ehrgeizigen Rallyeprojekt entstanden ist, bei dem Porsche erstmals Allradantrieb einsetzte. Mit dem futuristisch wirkenden 959 will Porsche die für die Homologation in der Rallye-Gruppe B nötigen 200 Fahrzeuge bauen. Vom Biturbo-Boxermotor mit wassergekühltem Zylinderköpfen und 450 PS (331 kW) über das elektronisch geregelte Fahrwerk mit Allradsystem bis zur aerodynamisch ausgefeilten Karosserie zeigt Porsche das im Automobilbau technisch Mögliche auf – und das auf Basis des noch vor kurzem als antiquiert geltenden 911. Der 959 wird als Komfort- und als Sportversion angeboten, die verkaufte Stückzahl gibt Porsche mit 292 für beide Varianten an. Der Supersportwagen nimmt viele Innovationen vorweg, die später in die Serie einfließen werden. Bei der legendären Rallye Paris Dakar belegt René Metge 1986 mit dem 959 den ersten Platz. Jacky Ickx wird Zweiter, ebenfalls auf einem 959. Ein großartiger Erfolg – und eine eindrucksvolle Bestätigung des 911-Konzepts.

Rund 193.000 Fahrzeuge der G-Serie werden zwischen 1973 und 1989 produziert. Ende der 1980er-Jahre erscheinen die Zukunftsperspektiven für den bereits mehr als 25 Jahre alten 911 rosiger denn je. Autor Clauspeter Becker hat es 1976 wohl schon geahnt, als er in *auto, motor und sport* die Frage stellte, wie lange der 911 wohl noch gebaut werde. „Weit mehr als der Turbo aber werden möglicherweise die beiden verbliebenen 911-Modelle den Fortbestand dieser Baureihe garantieren", schrieb er. „Denn der heutige 911 mit 165 PS (121 kW) und der gezähmte Dreiliter-Carrera mit 200 PS (147 kW) dürften noch auf Jahre hinaus das ‚Fahren in seiner schönsten Form' (Porsche-Slogan) in der Preislücke zwischen dem Porsche 924 und dem Topmodell 928 garantieren."

Das war 1976 schon eine gewagte Prognose, angesichts des Gegenwinds für den 911 auch aus den eigenen Reihen. Damals konnten sich nur wenige vorstellen, dass der 911 seine Nachkommen 924, 928, 944 und wie sie alle hießen, überleben würde. Und das nicht nur um einige Jahre.

Die Geschichte des 911, sie hat gerade erst begonnen.

Generation 964

1989 — 1994

102

Illustration:
Team Style Porsche

Fotos:
Markus Bolsinger

Zitat:
Michael Mauer

964

„Der 964 ist mein Favorit unter den Neunelfern. Mir gefällt, dass er schwerer wirkt, fast monolithisch, obwohl die Urform noch erhalten bleibt. Der Gesamteindruck ist aber für mich noch harmonischer, integrierter, geschlossener; angefangen bei den Stoßfängern und Felgen. Alles wirkt ausgewogen, dabei weiß ich – aus eigener Erfahrung –, dass er in Wahrheit ein Wolf im Schafspelz ist."

Ein Elfer, der fast seinen Namen verloren hätte

PORSCHE
D
S GO 9641
Porsche Classic

3.6

S GO 9641
Porsche Classic

S GO 9641
Porsche Classic

Proportional gesehen

Mit dem 964 wird das Grundkonzept ausgereizt. Harmonie und Integration führen zu einem rundum geschlossenen Auftritt des Modells.

von
Elmar Brümmer

Wer die Modellreihe von außen betrachtet, wie es Michael Mauer gerade tut, kann die Diskussionen kaum nachvollziehen, die es Anfang der Neunziger bei Porsche gegeben hat – ob der nächste 911 denn überhaupt noch so heißen solle? Denn auch für den Designchef, der sich zum Sportwagen in Nachtblau Metallic gesellt, der sich da gerade sonnt, ist eins auf den ersten Blick klar: „Vom Design her haben wir doch hier immer noch die identische Kabine." Aber sonst, und das nimmt er mit Expertenblick zur Kenntnis, wirkt der 964 schon ganz anders.

„Ein Wolf im Schafspelz", bemerkt Mauer, und diese Bemerkung macht neugierig, sie klingt nach intensiver Selbsterfahrung. Der Eindruck täuscht nicht. Ein 964 Carrera 2 Coupé steht bei ihm zuhause in der Garage und häufig auch davor. In einem satten Grauton, weil er diese Farbschattierungen nun mal am liebsten auf einem Autokörper sieht, und weil sie so schön puristisch wirken. In einem gängigeren Wort ausgedrückt: clean. Die Karosserie hat er so belassen, sonst aber beim Spezialisten vieles um- und vor allem ausbauen lassen. Ein wirklich ganz eigener Porsche, und dieser drückt für ihn Luxus im ursprünglichen Sinn aus: „Etwas für sich selbst tun." Das ehrgeizige Projekt hat die Bezeichnung M1M bekommen, fast wie ein Markenzeichen. Nebenwirkung der ganz persönlichen Zeitreise: Wenn er mit dem 964 unterwegs in Richtung Berge ist, dann fahre er trotz der vorgenommenen Leistungssteigerung an seinem personifizierten 964 automatisch manchmal langsamer – um das Gefühl länger genießen zu können." Wenn Mauer bei diesem Modell parteiisch wird, ist das ganz leicht zu verstehen. Dabei war er anfänglich skeptisch, ob ihm ein historischer Porsche das gleiche Glücksgefühl geben könne wie ein moderner GT3, der für ihn emotionalste Ausdruck des Porsche-Seins. Inzwischen besitzt er drei Vierundsechziger.

Etwas fürs Auge, etwas fürs Herz

Augen und Herz zusammenbringen, das definiert – romantisch ausgedrückt – eine der großen Aufgaben im Elferdesign. Fachmännisch erläutert Michael Mauer, was sich in der Evolution gegenüber dem G-Modell verändert hat. Er diktiert es mit einer Präzision ins Aufnahmegerät, wie es in Krimis die Leiter der Spurensicherung tun: „Die Stoßfänger sind nicht mehr aufgesetzte Chromteile, sondern wirklich in die Form des Fahrzeugs integriert. Dadurch wirkt der 964 insgesamt harmonischer, integrierter, geschlossener. Er hat schon fast etwas Monolithisches." Er fasst das Auto an, und es ist gleichzeitig zu merken: Dieses Auto fasst ihn an.

Geübt darin, Vor- und Nachteile einer bestimmten Gestaltungsrichtung gegeneinander abzuwägen, versetzt sich Michael Mauer in die Kritiker der Formgebung hinein: „Dadurch, dass die Stoßfänger schon deutlich schwerer wiegen, ist für manchen bei diesem Modell die optische Leichtigkeit verloren gegangen." Ein Argument, das leicht entkräftet werden kann, begibt man sich einmal kurz auf die Ebene der Physik: Durch eine strömungstechnisch günstigere Karosserieform und den voll verkleideten Wagenboden erreicht der 964 so geringe Luftwiderstandsbeiwerte wie noch nie. Mit dazu beigetragen hat neben den etwas rundlicheren Bug- und Heckteilen auch die Verkleidung des Wagenbodens. Die Form fließt, aber sie fließt nicht dahin. „Ich mag es, dass die ursprüngliche Form noch erhalten ist, und sich trotzdem weiterentwickelt hat", bemerkt Mauer. Im Marketing-Jargon würde man wohl von einem „echten Statement" sprechen, aber Begriffe, die beliebig erscheinen können, passen einfach nicht in den Sprachgebrauch des Designchefs.

Störgefühle sind wichtig

Formen, Proportionen, das gehört zum professionellen Alltagsgeschäft bei Style Porsche, schließlich geben die Designer dem Sportwagen erst sein Gesicht. Lässt man Kinder einfach nur Auto zeichnen, da malen sie meistens etwas, was wie ein VW Käfer wirkt. Werden sie nach einem schnellen Auto gefragt, dann entsteht etwas Flaches auf Rädern, das einem Porsche ähnelt. Michael Mauer hat das auch schon beobachtet, und er hat dafür seine eigene Erklärung: „Ich weiß nicht, ob sie die rudimentären Formen bewusst so zeichnen. Aber sowohl der Käfer wie der Porsche sind Archetypen für das Thema Automobil. Kinderzeichnungen drücken damit Formen aus, die kaum zu verbessern sind."

Es ist jene grundsätzliche Formgebung, die auch den 964 prägt: „Sie steht für Einfachheit und Klarheit und legt dennoch den Spaß und die Emotionen nahe, die man damit haben kann. Das Weglassen ist für Michael Mauer die Krone im Automobildesign „und zugleich die größte Herausforderung für das Team, weil es in der Vergangenheit bei Porsche so erfolgreich gemacht wurde". Ob sie nun F.A. Porsche, Anatol Lapine oder Harm Lagaaij hießen.

Die ganz persönliche Beziehung, die Michael Mauer zum 964 pflegt, ist ein guter Anlass, um über die Zeitlosigkeit des Elfers zu sprechen, festgemacht an der Frage: Wann altert Design eigentlich? Der Feingeist hat da seine eigene Ansicht, die mit einer Warnung beginnt: „Gefährlich ist es, wenn ein Design auf Anhieb gut gefällt. Das heißt, wenn niemand ein Störgefühl hat, dann kann es sein, dass es schnell nicht mehr als schön empfunden wird." Bezogen auf den 964 sind es die zunächst zu wuchtig wirkenden Stoßfänger. Natürlich ahnt er, warum das so ist mit uns Menschen: „Oft braucht man auch etwas Abstand, weil Sehgewohnheiten im Weg stehen." Den praktischen Beweis der Theorie mit den Störgefühlen führt er ganz gern selbst vor. Als er über das Thema Identität referieren sollte, hat er auf einem schicken Zeitschriftencover mit dem Bild einer lächelnden Claudia Schiffer dem deutschen Topmodel einfach eine Zahnlücke angemalt, verbunden mit der Frage: „Es gibt zigtausende Bilder von wunderhübschen blonden Frauen – welches Bild würden wir uns im Vergleich wohl merken?"

Vielleicht steht er auch deshalb noch ein bisschen vor dem 964, geht auch mal in die Knie, sieht ganz genau hin und versetzt sich so in den Schöpfer von damals. Er ist sich sicher, dass den dieselbe Frage bewegt hat: „Wie weit kann ich den Stein werfen?" Als er sich wieder erhebt, sehen wir die Antwort in seinem Blick: Weit. Vermutlich sehr weit.

S GO 9641

PORSCHE
BLAUPUNKT

Auf den ersten Blick: Michael Mauers Lieblings-Elfer aus der Historie

Generation 964 – Durch Kontinuität zum Erfolg

Mit dem Typ 964 renoviert Porsche den Oldie kräftig, feiert dessen 30. Geburtstag und schlittert in eine Krise. Durch Kontinuität und Selbstvertrauen wird sie gemeistert.

122

von
Thomas Ammann

Foto:
Heiko Simayer

Die dritte Generation erblickt das Licht der Welt. Zum 25-jährigen Jubiläum des 911 präsentiert Porsche im November 1988 den Typ 964 als Nachfolger der G-Serie. Rund 80 Prozent aller Bauteile seien verändert worden, versichert das Unternehmen, aber dennoch sieht der Neue fast genauso aus wie der Alte, von den neu gestalteten Kunststoff-Stoßfängern einmal abgesehen. Was bei anderen Auto-Premieren als Makel gelten würde, ist bei Porsche durchaus Teil des Kalküls: Längst hat man in Zuffenhausen und Weissach verstanden, dass die Kontinuität eines der Erfolgsgeheimnisse des 911 ist.

Unterm Blech hat sich praktisch alles verändert. Das beginnt schon damit, dass der 964 zunächst als Carrera 4 mit elektronisch geregeltem Allradantrieb vorgestellt wird. Einmal mehr übernimmt Porsche damit eine Innovation aus dem Rennsport in den Serienbau. Ausgehend von den ersten Rallye-Prototypen über die Studie Gruppe B und den 959 ist der Allradantrieb nun beim 964 serienreif. „Seine Kraftübertragung war eine Weiterentwicklung des Systems, das sich 1984 in der Wüstenrallye Paris-Dakar bewährt hatte", schreiben die Motorjournalisten Paul Frère und Tony Dron. Die Konstruktion war relativ aufwendig und ziemlich ausgeklügelt. „Ein robustes Rohr verband das vordere Ende des Getriebes mit dem Vorderachsdifferential. Von der Sekundärwelle des Getriebes wurde das Drehmoment auf ein im vorderen Teil des Getriebes enthaltenes Planeten-Differential übertragen." Dieses überträgt 69 Prozent des Drehmoments auf das Differential der Hinterachse und 31 Prozent auf das vordere Differential. Winter-Versuchsfahrten in den USA und in Schweden hatten ergeben, dass die Heckdominanz die beste Lösung darstellt. Diese Verteilung des Antriebsmoments sorgt für ein ausgeglicheneres Fahrverhalten. Aber die Elektronik kann noch mehr: „Für optimalen Vortrieb auf schwierigem Gelände oder sehr glatter Fahrbahn konnte das Planeten-Differential gesperrt werden", erklären Frère und Dron. „Im Paris-Dakar erfolgte dies durch eine Handschaltung, während im Carrera 4 hierfür eine elektronisch gesteuerte Mehrscheibenkupplung sorgte."

Die Sensoren des beim 964 erstmals serienmäßig eingebauten Anti-Blockier-Systems (ABS) liefern die nötigen Daten für die optimale Verteilung des Antriebsmoments zwischen Vorder- und Hinterrädern. Wenn die ABS-Sensoren feststellen, dass beispielsweise die Hinterräder auf schlüpfrigem Untergrund durchdrehen, wird die Mehrscheibenkupplung blitzschnell aktiviert und das überschüssige Drehmoment auf die Vorderräder übertragen – und umgekehrt. Der Einsatz der Elektronik und die Verbindung unterschiedlicher Systeme ist ein Quantensprung in der Fahrwerkstechnologie. Es ist der Beginn einer unaufhaltsamen Entwicklung, die zu den vielfach vernetzten Assistenzsystemen führt, die heute für deutlich mehr Agilität, Komfort und Sicherheit sorgen, auch und gerade in einem High-Performance-Sportwagen wie dem 911.

Angetrieben wird der 964 von einem 3,6-Liter-Motor mit einer Leistung 250 PS (184 kW), der in seinen Grundzügen immer noch auf dem 2,0-Liter-Aggregat des Urahns basiert. Ein geregelter Dreiwege-Abgaskatalysator ist vom Serienstart an mit an Bord. Ebenfalls nicht sofort sichtbar, aber spürbar: Das Leichtmetall-Fahrwerk wurde neugestaltet und erhielt statt der bisher verwendeten Drehstabfedern moderne MacPherson-Federbeine vorn und Schraubenfedern an den Schräglenkern hinten. Sofort ins Auge fällt dagegen eine weitere Innovation: Der in die Heckklappe integrierte Spoiler fährt ab einer Geschwindigkeit von 80 km/h automatisch aus, wodurch der Hinterachsauftrieb auf Null reduziert wird. Es ist das vorläufige Ende oder, besser gesagt, die zeitgemäße Form des Entenbürzels. Das Ziel ist, die klassische 911-Silhouette zu erhalten und zugleich optimale Strömungsverhältnisse herzustellen.

Zum Serienstart im Juli 1989 kommt der heckgetriebene Carrera 2 auf den Markt, mit identischer Motorisierung und ebenfalls serienmäßig mit ABS ausgestattet. Im Lauf des Modelljahrs 1990 wird er ebenso wie der allradgetriebene Bruder in den Varianten Coupé, Targa und Cabriolet angeboten. Ein Novum stellt das ab November angebotene Schaltsystem namens Tiptronic dar, bei dem die Gänge sowohl vollautomatisch wie auch manuell gewechselt werden können. Besonders im wichtigsten Markt USA ist die Nachfrage nach einem automatischen Getriebe groß. Eine Servolenkung ist nun ebenfalls serienmäßig. Ab Sommer 1991 rüstet Porsche als erster Automobilhersteller überhaupt alle Modelle serienmäßig mit Fahrer- und Beifahrer-Airbags aus. Safety First.

Die Sportlichkeit kommt aber nicht zu kurz: Auf dem Genfer Automobilsalon 1990 stellt Porsche den neuen 911 Turbo auf Basis der Generation 964 vor, traditionell an der verbreiterten Karosserie und dem großen Heckspoiler zu erkennen. Das noch mit einem 3,3-Liter-Motor ausgestattete Modell leistet 320 PS (235

Straßenfeger – auch der 964 fühlt sich auf Straße und Rennstrecke gleichermaßen wohl. Die fahrdynamischen Qualitäten wachsen sogar noch einmal deutlich, vor allem beim erstmals erhältlichen Allradantrieb. ABS und Servolenkung gehören zur Serienausstattung und sorgen für Zuwächse bei Sicherheit und Komfort. Noch immer ist der 911 ein Allrounder ohne Gleichen.

kW). Zwei Jahre später wird kräftig aufgerüstet: Der Turbo erhält nun wie die Sauger-Varianten einen 3,6-Liter-Motor mit stattlichen 360 PS (265 kW), der für den standesgemäßen Vortrieb sorgt.

Ende der 1980er-/Anfang der 1990er-Jahre ist die Modellpalette bei Porsche äußerst übersichtlich. Die 911-Baureihe bietet das Grundmodell und den Turbo in den drei bekannten Karosserievarianten. Vom Modell 964 verkauft Porsche im Durchschnitt pro Jahr 12.000 Einheiten. Damit hält er sich etwa auf dem Niveau des Vorgängers, doch die Frontmotor-Modelle beginnen zu schwächeln. Die Produktion des 924 wird 1988 nach rund 150.000 verkauften Einheiten eingestellt, nachdem die Verkäufe nicht mehr den Erwartungen entsprechen. Der 944 ist lange der wichtigste Umsatzbringer des Unternehmens, bis auch bei ihm die Verkaufszahlen sinken. Er wird noch bis 1991 produziert, bis er vom 968 abgelöst wird. Vier Jahre darauf, 1995, wird auch dieses Vierzylindermodell nach rund 11.000 verkauften Exemplaren eingestellt. Zur selben Zeit endet auch die Produktion des 928, von dem 1995 nach einem langen Produktionszyklus gerade noch 403 Exemplare abgesetzt werden.

So durchlebt die Sportwagenmanufaktur schon seit einigen Jahren harte Zeiten. Ein Fertigungsauftrag von Mercedes-Benz trägt zur Auslastung des Zuffenhausener Werks bei. Im Frühjahr 1990 wird dort mit der Montage der Sportlimousine 500 E begonnen. Der Auftrag umfasst neben umfangreichen Entwicklungsarbeiten den Aufbau der Rohkarosserie. Nach erfolgter Lackierung im Mercedes-Werk Sindelfingen gehen die Karosserien zur Endmontage wieder zurück nach Zuffenhausen. Rund 10.500 Einheiten des Mercedes-Musclecars entstehen auf diese Weise. In einer Arbeitsgemeinschaft mit Audi entwickelt Porsche den Avant RS2 mit 315 PS (232 kW), der ebenfalls in den Zuffenhausener Produktionsanlagen hergestellt wird. Auf diese Weise hält man sich bei schleppendem Absatz der eigenen Produkte über Wasser.

Das Porsche Entwicklungszentrum in Weissach hat sich bis dahin ohnehin schon als eigenes Profit Center bewährt. Im Jahr 1961 legte Ferry Porsche den Grundstein für das Prüfgelände in dem kleinen Ort nördlich von Zuffenhausen, das zunächst vor allem für Fahrwerksversuche genutzt wurde. Im Lauf der Jahre kamen zentrale Anlagen wie Windkanal, Crash-Anlage, Motorenprüfstände und Abgas-Testzentren hinzu. Das Unternehmen nutzt diese Einrichtungen bis heute auch für anspruchsvolle Aufträge von Kunden – nicht nur aus dem Automobilbereich.

Diese Diversifikation des Unternehmens ist letztlich ein wesentlicher Baustein der Überlebensstrategie, ebenso wie die Straffung der verschiedenen Modellreihen – und das wiedererstarkte Vertrauen in den „Longseller" 911.

Mit dem Carrera RS präsentiert Porsche 1990 auf der Auto-Show im englischen Birmingham eine um 10 PS (7 kW) leistungsgesteigerte und gewichtsoptimierte Version des Carrera 2. Siebzehn Jahre nach dem legendären Carrera RS 2.7 mit seinem Entenbürzel wird diese Tradition fortgesetzt. Der Carrera RS Typ 964 ist in drei Versionen erhältlich – Basis-, Touring- und Sportversion – und dient als Homologationsserie für die Rennsport-Gruppe N/GT. Seine Leichtbau-Karosserie erhält unter anderem eine Fronthaube aus Aluminium, die Seitenscheiben und die nicht beheizbare Heckscheibe sind aus Dünnglas gefertigt. Das Fahrwerk ist um 40 Millimeter tiefergelegt. Da der Wagen für die USA und Kanada keine Typzulassung besitzt, bringt Porsche 1993 den Carrera RS America mit Serienmotor und einem großen starren Heckflügel auf den Markt. Beide Sondermodelle werden von Anfang an zu gesuchten Sammlerobjekten.

Die Faszination 911 lebt ungebrochen weiter, auch im 30. Produktionsjahr. Zu diesem runden Geburtstag wartet Porsche mit einem auf 911 Exemplare begrenzten Jubiläumsmodell auf, das in drei außergewöhnlichen Lackierungen erhältlich ist: Viola-Metallic (exklusiv für den deutschen Markt), Amethyst-Metallic und Polarsilber-Metallic. Der breite Turbolook (ohne Heckspoiler), Lederpolster und weitere Sonderausstattungsmerkmale machen auch diese 964-Version zu einem extrem begehrenswerten Modell, das inzwischen unter Fans hoch gehandelt wird.

Neben dem 911 Carrera RS 3.8, einer besonders sportlichen Leichtbau-Version mit 300 PS (221 kW) für Einsätze bei GT-Rennen und dem Turbo S werden auch verschiedene Rennversionen des 964 auf die Piste gebracht, die populärste ist wohl der 911/964 Cup für den Einsatz im Breitensport, der auf dem Carrera 2 basiert. 1990 löst der Porsche Carrera Cup den internationalen 944 Turbo Cup ab. Der erste Manager des Carrera Cup war kein geringerer als Herbert Linge, einer der langjährigsten Mitarbeiter des Unternehmens, der schon 1965 zusammen mit Co-Pilot Peter Falk bei der Rallye Monte Carlo den ersten Motorsporteinsatz eines 911 überhaupt absolvierte. Bereits nach der ersten Saison etabliert sich der Porsche Carrera Cup als erfolgreichster Markenpokal der Welt – ein eindrucksvolles Bekenntnis des Hauses für den 911 in dritter Generation.

Eines der Highlights im Modellzyklus des 964 ist Ende 1992 die Weltpremiere des Carrera 2 Speedster auf dem Pariser Automobilsalon. Mit seiner niedrigen Windschutzscheibe und der Verdeckklappe mit dem Doppelhöcker weist er die charakteristischen Merkmale seines Vorgängers der G-Serie auf. Die Neuauflage der Legende wird serienmäßig mit 17-Zoll-Rädern im Cup-Design ausgeliefert, die in Wagenfarbe lackiert sind. Lieferbar ist der Speedster nur mit Heckantrieb. Insgesamt werden 930 Speedster produziert, fünfzehn davon werden auf Kundenwunsch bei Porsche Exclusive auf den breiten Turbolook umgebaut.

Dem bunten Modellreigen zum Trotz – das Gesamtbild des Unternehmens ist eher eingetrübt. Der Absatz geht im Geschäftsjahr 1991/1992 auf insgesamt rund 23.000 Fahrzeuge zurück. Die maßgebliche Ursache dafür ist ein niedriger Dollarkurs, der das US-Geschäft nahezu zum Erliegen bringt. Waren es allein dort einige Jahre zuvor rund 30.000 Sportwagen im Jahr, verkauft Porsche 1991/1992 keine 4.000 Autos mehr. Dazu kommt: Angesichts einer weltweit aufkommenden Umweltbewegung und einer Diskussion über Sinn und Unsinn des Individualverkehrs geraten auch Automobilhersteller – Sportwagenbauer ganz besonders – unter Druck. Porsche versucht in der Öffentlichkeitsarbeit, weg vom Image des reinen Spaßfahrzeugs zu kommen – und das Verliererimage abzulegen. Mit pragmatischen Argumenten will man der

Skepsis beim Publikum entgegenwirken. „Wir sehen einen Porsche 911 immer auch als Ausgangspunkt", lautet 1992 der Text in einer Werbeanzeige. „Denn Themen wie Sicherheit, Wirtschaftlichkeit und Umweltverträglichkeit werden gerade für einen Sportwagenhersteller zukünftig noch viel mehr zu einer ganz besonderen Herausforderung. Und ganz besondere Herausforderungen haben uns schon immer ganz besonders gereizt."

Das gilt wohl auch für jenen Mann, der am 1. Oktober 1992 zum Sprecher des Vorstands der Porsche AG berufen wird. Porsche ist in Not. Wendelin Wiedeking, damals 40 Jahre, soll das Ruder herumreißen. Dem promovierten Maschinenbauer und Produktionsexperten trauen die Eigentümerfamilien zu, das Unternehmen aus der Verlustzone zu führen. Wiedeking zögert nicht lange. Unter seiner Regie beginnen tiefgreifende Umstrukturierungsmaßnahmen in der Produktion, die längst überfällig sind. Schmerzlich: Die Belegschaft schrumpft von 8.500 auf etwa 6.700 Beschäftigte. Deshalb ist auch eine nachhaltige Weiterentwicklung des Modellprogramms lebenswichtig für die Zukunft des Unternehmens. Jahrelang waren zu viele unterschiedliche Modelle mit zu vielen unterschiedlichen, nicht zueinander passenden Komponenten hergestellt worden, was die Kosten zusätzlich in die Höhe trieb. Jetzt drängt die Zeit.

Mit dem 964 ist Porsche einigermaßen havariefrei durch die Krise gekommen. Von 1989 bis 1993 wurden insgesamt rund 63.000 Stück dieser Baureihe verkauft. Doch angesichts der sinkenden Verkaufszahlen der Frontmotor-Modelle sind neue Ideen gefragt.

Ein erstes sichtbares Signal für eine Modelloffensive sendet Porsche Anfang 1993 auf der Detroit Motor Show. Wendelin Wiedeking und Porsche-Style-Chef Harm Lagaaij stellen die Studie Boxster vor. Fachwelt und Publikum sind entzückt von dem silbernen Roadster mit Mittelmotor, dessen Formensprache sich an den Roadster 356 „Nr. 1" von 1948 und den legendären 550 Spyder der 1950er-Jahre anlehnt, der eng mit der Rennsporttradition von Porsche verbunden ist. Wird er jemals gebaut werden? Zu dem Zeitpunkt ist das noch nicht entschieden. Wichtig aber ist die Botschaft, die von Detroit 1993 ausgeht: Porsche ist wieder zurück.

Die Geschichte geht weiter. Ein Jahr darauf, an derselben Stelle: 1994 präsentiert Porsche in Detroit die vierte Generation des 911.

Generation 993

131

1993 — 1998

Illustration:
Team Style Porsche

Fotos:
Heiko Simayer

Zitat:
Michael Mauer

993

„Das Greenhouse ist beim 993 noch immer identisch zum ersten Neunelfer. Alles andere ist neu. Das zeigt sich betont in den Stoßfängern und den flacher gestellten Scheinwerfern. Keine Kanonenrohre mehr. Auch die Radhäuser – vor allem hinten – sind weicher und sie sind breiter geformt. Alles wirkt runder. Das Elfer-Design kommt in der Moderne an, hat aber noch einen Fuß in der Historie."

S GO 993

Etwas weicher zu wirken, macht aus dem Elfer noch lange keinen Softie

S GO 993
D

GO 993

Klar umrissen

Der 993 wird zum Elfer des Übergangs, samt seiner Fugen und Wölbungen. Gestern, heute und morgen stehen an einer Weggabelung.

von
Elmar Brümmer

Seine erste ganz große optische Veränderung erlebt der Porsche 911 erst nach 30 Jahren. Passend zum Jahr 1993 heißt die Baureihe nun 993. Und wer im Geometrieunterricht aufgepasst hat, der weiß sofort etwas mit der Umschreibung anzufangen, dass bei diesem Typ das Wechselspiel von konvexen und konkaven Linien eingeführt wird. Wer stattdessen lieber heimlich im Matheheft Umrisse von Autos gezeichnet hat, dem sei kurz in Erinnerung gerufen: konkav bedeutet nach innen gewölbt, konvex heißt nach außen gewölbt. Wir nähern uns demnach wieder dem Skulpturalen, das Michael Mauer an gelungenen Automobilen so begeistert.

Bis auf das unveränderte Greenhouse empfindet Mauer am 993 von vorn bis hinten so ziemlich alles neu. Es wölbt sich schon bei den Radhäusern, insbesondere vor den hinteren. Aber gerade stehen wir am Vorderwagen, die großen Fensterkreuze im Zwischengang bei Style Porsche lassen die Sonne Streifen zeichnen auf die Haube. Dieser Moment hat tatsächlich etwas vom Besuch einer Ausstellung, und er zeigt auch, dass Automobildesign viel mit Architektur und Bildhauerei gemeinsam hat, zumindest in den Ansätzen. „Mir gefällt besonders die Fugengrafik", sagt Kunstkritiker Mauer.

Bei den Stoßstangen fängt die Körperbildung an, sie sind jetzt noch mehr in die Karosserie integriert. Die vorderen Kotflügel des 993 verlaufen breiter und vor allem flacher als beim 964. Flacher wirkt schneller. Der Kofferraumdeckel ist verkürzt, damit kann die markante schwarze Gummilippe entfallen, die den Vorgänger akzentuiert hat. Die Kinnpartie des Neunelfers wölbt sich nun dem Betrachter etwas mehr entgegen, und in arctissilber wirkt der Vorderwagen besonders attraktiv. „Flacher gestellt sind auch die Hauptscheinwerfer", sagt Michael Mauer über das nächste markante Merkmal, und seine Faszination für charakterbildende Lichtspiele ist spürbar. Sie stechen nicht mehr so hervor wie bei den ersten Elfer-Generationen. Salopp formuliert er dazu: „weniger Kanonenrohr".

Die Windschutzscheibe bleibt steil

Vom Bumper über die Kotflügel ist die neue, sanftere Formensprache gut erkennbar. „Weich", verbessert Mauer, und deutet noch einmal auf die Radhäuser. „Über die Kabine können wir hinweggehen", sagt er bei der Umrundung des 993, „das Greenhouse ist noch identisch zu F- und G-Modell." Im Vorbeigehen streift er die Seitenpartie, macht für den Reporter eine gedankliche Notiz: „Neues Fondseitenteil!" Die Scheiben sind jetzt bündig eingefasst. Wir sind schon fast um den Elfer herum, als Mauer abrupt stehen bleibt, einen Schritt zurück macht und auf ein Detail hinweist: „Der hat hier so einen leichten Knick von der Tür in den Kotflügel."

Hätte es sich um einen Targa gehandelt, dann wären wir wohl noch ein wenig länger an der Kabine stehen geblieben, denn anstelle des herausnehmbaren Faltdachs gab es zum ersten Mal ein großflächiges, elektrisch verstellbares Schiebedach aus getöntem Verbundglas, das die Fahrzeugsilhouette allerdings nicht groß veränderte. „Die Steilheit der Windschutzscheibe ist geblieben, der Dachzug auch", sagt Mauer mit schnellem, aber prüfendem Blick.

Weiter nach hinten, hier wird es ziemlich breit. Denn auch die hinteren Kotflügel sind jetzt deutlich ausgeformt, sie verlaufen geradliniger zum Heck. Am Ende zeigen sich auch zwei wesentliche Änderungen: Analog zur Fahrzeugfront haben sich auch hier die Stoßfänger verändert, das prominente Heckleuchtenband wurde höher gesetzt und vor allem stärker abgeschrägt. „Die ganze hintere Fahrzeugpartie ist jetzt deutlich runder. Sie hat mehr Einzüge und wirkt harmonischer. Diese Weichheit ist schon das Symbol für den Aufbruch hin zum 996." Nicht in allem findet Michael Mauer den 993 rückblickend betrachtet unbedingt ganz schlüssig, aber er gehört für ihn in die lange, große Reihe: „Mich stört ein bisschen der Konflikt zwischen der Front und der Mitte des Autos, als ob sie zu zwei unterschiedlichen Fahrzeugen gehörten. Für mich ist das ein Übergangselfer. Mit dem 993 ist das Design in der Moderne angekommen, aber mit einem Fuß steht es auch noch in der Geschichte."

Hier zeichnet der Chef noch selbst

Im Steno-Stil formuliert Michael Mauer noch einmal seine Gesamtbilanz der Optik: „Alles neu!" Auch deshalb ist die vierte Generation bei vielen Elfer-Freunden begehrt, ein Klassiker unter Klassikern. Sicher auch, weil es der letzte luftgekühlte 911 war, aber das konnte man schließlich erst später wissen. So präsentiert sich der 993 zunächst als Kunststück des ausführenden Gestalters Anthony Hatter, den Fluss der typischen Elfer-Linie bei so vielen Änderungen zu erhalten. Linientreue, das ist auch eines der Leitmotive in der Arbeit von Michael Mauer.

Der Niederländer Harm Lagaaij, der in den Neunzigern das Porsche-Designstudio leitete, hatte ein strenges Auge auf die Entwicklung des Elfers, denn sein Blick galt der gesamten Fahrzeugpalette. Ihm gelang es, das Design des 911 mit dem des 928 und des 968 zu synchronisieren, um so eine optisch harmonische Familie aus unterschiedlichen Modellen mit vier, sechs und acht Zylindern entstehen zu lassen. Porsche hatte ein einheitliches Gesicht bekommen.

Wenn er so vor sich hin zeichnet, wie er es während der Gespräche zu diesem Buch ab und an auch tut, dann beginnt es meistens mit einem Kreis. Als Ausdruck, wie rund es in seinem Kopf zugeht, aber auch, weil er jedes neue Fahrzeugdesign mit der Skizzierung der Räder in Bewegung bringt. Sobald diese auf dem Blatt platziert sind, kommt der entscheidende Schritt, den Mauer so ausdrückt: „Ich hole den Sportwagen auf den Boden der Tatsachen." Sprich: Er verbindet die beiden Kreise mit einer Linie. Auf dieser Plattform können nun die verschiedenen Umrisse wachsen. Eine klassische, an der Hochschule gelehrte Vorgehensweise, so entstehen Silhouetten, im Designer-Jargon als „Y zero section" bezeichnet. Es sind die Koordinaten, die immer wieder aufs Neue zum Kultcharakter des Porsche 911 beitragen.

Carrera
S GO 993

Generation 993 – Der letzte Luftgekühlte

Der 911 in vierter Generation erscheint mit einem Design, das bewusst mit alten Traditionen bricht. Der 993 markiert den Höhepunkt der luftgekühlten Ära – und zugleich ihr Ende.

von
Thomas Ammann

Foto:
Unternehmensarchiv der Dr. Ing. h.c. F. Porsche AG

„Der neue Carrera: 911 % Fahrspaß", lautet der Werbeslogan Ende 1993 anlässlich der Markteinführung der vierten Generation des 911. Kurz zuvor fand auf der Frankfurter IAA die Weltpremiere des 964-Nachfolgers statt. „Unsere Visionen sind größer als die Vorstellungskraft unserer Kritiker", verkündet selbstbewusst eine begleitende Anzeigenkampagne in allen überregionalen Tageszeitungen zur Vorstellung des Hoffnungsträgers 993. „Seit 45 Jahren baut Porsche Sportwagen – und genau das wollen wir auch weiterhin tun, als kleiner, aber unabhängiger Hersteller", heißt es in der ausführlichen Stellungnahme in dieser Anzeige, die von Ferry Porsche und Wendelin Wiedeking unterschrieben ist. Wiedeking selbst, frisch vom Sprecher des Vorstands zum Vorstandsvorsitzenden der Porsche AG befördert, erklärt bei der Präsentation des neuen 993 auf der IAA in Frankfurt am Main: „Der neue Porsche 911 ist ein großer Entwicklungsschritt, weil wir wissen, dass man mit kleinen Schritten keinen Abgrund überwinden kann."

Porsche am Abgrund. Wiedekings Auftritt gibt einen Einblick in die Gefühlswelt der damals Verantwortlichen. Übernahmegerüchte machen die Runde. Porsche sei zu klein zum Überleben, die Verluste seien zu groß. Doch ein Verkauf kommt nicht infrage, zumindest nicht zu Lebzeiten Ferry Porsches. In einer früheren Krise in den 1980er-Jahren tauchte das Thema schon einmal auf. Damals empfahl Vorstandschef Peter W. Schutz dem Firmengründer, das Unternehmen zu verkaufen. Er biss auf Granit. „Mein Vater lehnte das ab und meinte, er habe der Firma nicht seinen Namen gegeben, um sie an Fremde zu verkaufen", berichtet Wolfgang Porsche 2018 gegenüber dem Magazin *stern*. Fazit: Porsche kann die Misere nur aus eigener Kraft überwinden.

Alle wissen: Die neue 911-Generation wird über das Schicksal von Porsche als unabhängigem Sportwagenbauer entscheiden. Er muss ein Verkaufserfolg werden. Nicht zuletzt deshalb werden die Preise für das neue Modell eingefroren. Zu seiner Einführung kostet der Carrera 2 Typ 993 exakt genauso viel wie das vergleichbare Vorgängermodell. Ein versöhnliches Signal an die Zielgruppe.

Der 911 der vierten Generation ist der notwendige Schritt nach vorn. Ein mutiger Schritt. Schon äußerlich signalisiert der 993 den Aufbruch in eine neue Porsche-Ära. Nach 30 Jahren verabschieden sich die Designer unter Harm Lagaaij von den „Torpedorohren", die gewölbten Kotflügel mit ihren fast senkrecht stehenden Scheinwerfern, die für Fahrer und Beifahrer beim Blick nach vorn eine vertraute Orientierungshilfe darstellten. Die Kotflügel sind nun stark abgeflacht und beherbergen moderne Polyellipsoid-Scheinwerfer. Porsche verspricht deutlich mehr Lichtausbeute. Aber die Reaktionen sind nicht ungeteilt. „Das neue Gesicht schielt apokalyptisch himmelwärts wie ein plattgedrücktes Amphibium. Ausdruck der Stimmung im Porsche-Werk Zuffenhausen?" fragte hämisch das Nachrichtenmagazin *Der Spiegel* im September 1993.

Doch die Kritiker verstummen bald. Es wird anerkannt, dass der 993 mit seinen ruhigen Flächen im Vergleich zum Vorgänger deutlich eleganter und harmonischer wirkt. Inzwischen gilt er als Klassiker der Moderne. Damit behielt der frühere Porsche-Sprecher Anton Hunger Recht: „Nur Formen, die anfangs Spannungen erzeugen, setzen sich langfristig durch", entgegnete er 1993 den Skeptikern bei der Einführung des neuen Modells.

Auch unterm Blech verändert sich vieles. Der 3,6-Liter-Motor – natürlich luftgekühlt! – leistet nun 272 PS (200 kW), in einer späteren Ausbaustufe sind es 286 PS (210 kW). Das Aluminium-Fahrwerk ist eine Neukonstruktion. Die neue Mehrlenker-Hinterachse „beruht auf einer Weiterentwicklung des im Rennsport erprobten Doppelquerlenker-Prinzips", wie Porsche betont. In Wahrheit kommt wohl auch der eher unglückliche Umstand zu Hilfe, dass ein Entwicklungsprojekt zuvor in einer Sackgasse gelandet war: Die Idee eines viertürigen Sportwagens wurde wieder verworfen, nachdem bereits ein dreistelliger Millionenbetrag investiert worden war. Ein Überbleibsel daraus ist eine hintere Mehrlenker-Aufhängung, die nun im 993 Verwendung findet. Innenbelüftete, gelochte Bremsscheiben, ABS und erstmals ein 6-Gang-Getriebe sind serienmäßig an Bord, auf Wunsch ist die weiterentwickelte Tiptronic S verfügbar, die nun wahlweise über Tippschalter am Lenkrad bedient werden kann.

Zum Thema Nachhaltigkeit und Ressourcenschonung gibt es Neues zu vermelden. „Der neue 911 erfüllt alle weltweit gültigen Abgas- und Geräuschvorschriften", erklärt das Unternehmen. „Alle Porsche sind FCKW- und asbestfrei. Und Recycling kommt bei uns nicht nur in der Werbung vor, sondern auch im Auto: Alle Kunststoffteile über 50 g Gewicht sind für die sortenreine Trennung gekennzeichnet." Porsche meint es ernst: Auf Initiative des Unternehmens wird das Forum Auto und Umwelt gegründet. Damit avan-

Überzeugendes Teamwork – der 993 ist, ebenso wie seine Vorgänger und Nachfolger, das Ergebnis einer Mannschaftsleistung. Noch ahnt niemand, dass es sich dabei um den letzten luftgekühlten Neunelfer handelt, der auch deshalb für immer einen besonderen Stellenwert einnehmen wird. Die Auftragsbücher füllen sich trotzdem und der 993 wird auch wirtschaftlich ein Erfolg.

ciert Porsche zu einem der Vorreiter der Branche in Sachen Umweltschutz. Ein zusätzliches Kaufargument für all jene, die sich für einen Sportwagen interessieren.

Auf das Carrera 2 Coupé folgt im März 1994 zuerst das Cabriolet mit einem neu gestalteten Stoffverdeck und einem Windschott, das sich bei schneller Fahrt selbst aufstellt und bei langsamerer Fahrt von selbst einklappt. Ein kleines Beispiel für die Detailverliebtheit der 911-Entwickler, die selbst einem simplen Windschott noch zu technischer Raffinesse verhelfen. Im September 1994 werden die Allrad-Versionen von Coupé und Cabriolet vorgestellt. Der Carrera 4 verfügt über eine sogenannte Visco-Lamellenkupplung zur Verteilung der Antriebskraft an Vorder- und Hinterachse, die optimale Traktion in allen Fahrsituationen ermöglichen soll. Der Carrera 4 ist nur mit Schaltgetriebe erhältlich.

Im Jahr 1995 folgt einmal mehr eine Zäsur in der Unternehmensgeschichte: Das Modellprogramm wird radikal gestrafft, die letzten Frontmotormodelle laufen in Zuffenhausen vom Band. Damit überlebt der 911 alle seine designierten Nachfolger 924, 944, 968 und 928. Dafür wird mit dem neuen 911 Turbo im Frühjahr 1995 auf dem Genfer Automobilsalon der mit 408 PS (300 kW) bis dahin stärkste jemals gebaute Serien-Porsche vorgestellt. Mit zwei Turboladern und zwei Ladeluftkühlern zeigt das 3,6-Liter-Aggregat noch einmal eindrucksvoll, welches Leistungs- und Entwicklungspotenzial in der über 30 Jahre alten Grundkonzeption liegt. Die Leistungscharakteristik sei „der eines hubraumstarken Saugmotors nicht unähnlich“, betont Porsche. „Bereits ab 2.000/min entwickelte das Triebwerk reichlich Schub, der sich ab 3.500/min in ein stürmisches Rasen verwandelte, das die Insassen eindrucksvoll in die Sitze presste." Die Weissacher Ingenieure hätten das Ziel gehabt, das „Turbo-Loch" des Motors beim Beschleunigen auf ein bisher nicht gekanntes Minimum zu reduzieren, so das Unternehmen. „Sie erreichten es durch den Einsatz zweier kleiner statt eines großen Abgasturboladers, wobei sich vor allem das geringe Trägheitsmoment der kleineren Rotoren auswirkte."

Für den typischen Turbolook im Auftritt besitzt der aufgeladene 993 eine Bugschürze mit drei getrennten Einlässen, eine im Heck um 60 Millimeter verbreiterte Karosserie und einen ausladenden, feststehenden Heckflügel. Er vermindert den Auftrieb in bewährter Manier deutlich und schafft Platz für die zwei großen Ladeluftkühler. „Kills bugs fast" („Tötet Fliegen schnell"), lautet ein politisch nicht ganz korrekter Slogan in der US-Werbung. Das 1997 aufgelegte Modell Turbo S mit 450 PS (331 kW) bleibt eine kostbare Rarität. Insgesamt werden nur 345 Fahrzeuge gebaut.

Die Konzentration auf den 911 als einzige Baureihe im Programm trägt Früchte. Die Lücke zwischen Carrera 2, Carrera 4 und dem Turbo schließen die Modelle Carrera S Coupé und Carrera 4 S Coupé. Sie erhalten die breite Karosserie (ohne Heckflügel) und die Felgen des Turbo, der 4 S verfügt zusätzlich über die Turbo-Bremsanlage. Im September 1995 wird der neue Targa auf der IAA in Frankfurt vorgestellt. Auch hier ein Signal des Aufbruchs: Der Bügel und das Faltdach sind passé. Stattdessen besitzt der 993 ein großes Glasdach, das sich beim Öffnen elektrisch unter die Heckscheibe schiebt. Der Vorteil: Der ganze Vorgang dauert nur zehn Sekunden und lässt sich vom Fahrersitz aus bedienen. Der Nachteil: Der altertümliche Charme dieses besonderen Modells geht verloren. Der Bügel war in den Augen der Targa-Liebhaber immer eine Reminiszenz an die frühen Jahre des 911.

Ganz traditionsbewusst hingegen schickt man 1995 den Carrera RS auf die Straße, der sofort Assoziationen zu den berühmten Vorgängern von 1973 und 1990 weckt. Sein 3,8-Liter-Motor leistet 300 PS (221 kW), zudem werden gegenüber dem Serien-Carrera durch Leichtbaumaßnahmen rund 100 Kilogramm Gewicht eingespart, was das Gesamtgewicht auf 1.270 Kilogramm drückt. Von der RS-Variante werden nur 1.014 Exemplare gebaut, 227 davon erhalten die Clubsport-Ausführung, die sich unter anderem durch einen doppelflügeligen Heckspoiler vom Basis-RS unterscheidet und als reines Rennfahrzeug für Clubveranstaltungen gedacht ist.

Als sei das noch nicht genug, wird 1995 mit dem GT2 das sportlichste und schnellste Modell des Jahres vorgestellt, das in der Leistung sogar den „normalen" Turbo übertrumpft. Durch ein modifiziertes Steuergerät und einen zusätzlichen Ölkühler steigt die Leistung des aufgeladenen Triebwerks auf 430 PS (316 kW). Im Gegensatz zum allradgetriebenen Turbo verfügt der GT2 über einen Heckantrieb. Er ist für alle jene Käufer gedacht, die ihren straßenzugelassenen Porsche zum eigenen Vergnügen gern hin und wieder über die Rennstrecke jagen wollen. Für die populären Rennserien Porsche Supercup und Porsche Carrera Cup ist man ebenfalls gerüstet: Im Jahr 1994 kommt der 911 Cup 3.8, der anfangs 310 PS (228 kW), später 315 PS (232 kW) leistet. Als Dritter im Bunde der Rennversionen wird 1996 der 993 Cup 3.8 RSR mit einer Motorleistung von 350 PS (257 kW) präsentiert. Er ist für jene Rennklassen gedacht, zu der nur seriennahe GT-Fahrzeuge mit Saugmotor zugelassen sind, beispielsweise in Japan, wird aber auch in europäischen Rennserien eingesetzt.

Motorsport bleibt in der Mitte der 1990er-Jahre weiterhin eine der tragenden Säulen für den Erfolg des Unternehmens. Nach großen Erfolgen in den 1970er- und 1980er-Jahren wagt sich Porsche mit dem neu entwickelten 911 GT1 zurück an die Spitze. Die Frontpartie zeigt eine Familienähnlichkeit mit dem 993, ansonsten hat dieser reinrassige Rennwagen nichts mit dem Serienmodell gemein. Insbesondere unterscheidet ihn, dass er nicht von einem luftgekühlten Heckmotor, sondern einem wassergekühlten Mittelmotor angetrieben wird. Bei den 24 Stunden von Le Mans erlebt das Werksteam im Jahr 1996 eine glanzvolle Rückkehr. Porsche feiert einen Dreifachsieg. Bei ihrer Premiere belegen die beiden Werks-GT1 die Plätze zwei und drei im Gesamtklassement; Sieger werden Davy Jones, Alexander Wurz und Manuel Reuter auf einem werksunterstützen TWR-Porsche WSC-95 des Joest Racing Teams.

Gemütlicher geht es bei einem anderen Event einen Monat nach den 24 Stunden von Le Mans zu. Am 15. Juli 1996 rollt in Stuttgart-Zuffenhausen der 1.000.000. Porsche vom Band, der seit den Anfangstagen 1948 produziert wurde. Das Jubiläumsfahrzeug ist ein weiß-grünes Coupé in Polizeiausführung, das Ferry Porsche werbewirksam an den baden-württembergischen Ministerpräsidenten übergibt. „Das Revier des Elfers der Baureihe 993 wird die

Überholspur, wo er bis zu seiner Ausmusterung bei der Autobahnpolizei zuverlässig Dienst tut", schreibt Porsche in einer Begleitschrift zum hauseigenen Museum.

Porsche auf der Überholspur. Langsam zeigen die Umstrukturierungsmaßnahmen, die Straffung des Modellprogramms und der stabile Absatz des 993 Wirkung. Zeit, ein neues Modell auf die Straße zu bringen. Nach der überwältigenden Resonanz auf die 1993 in Detroit vorgestellte Studie Boxster fiel die Entscheidung für eine neue Baureihe unterhalb des 911. Einiges muss bis zur Serienreife verändert werden, aber das tut der Begeisterung wenig Abbruch. Der Serien-Boxster wird sofort als lupenreiner Porsche akzeptiert. Nicht zuletzt, weil der zweisitzige Roadster mit Mittelmotor eine wichtige Tradition von Porsche fortsetzt. Der Verweis auf den Roadster 356 „Nr. 1" von 1948 und die (nicht zuletzt durch James Dean) legendären 550 Spyder darf deshalb bei der Präsentation nicht fehlen. Dass das Konzept auch zukunftsträchtig ist, wird sich bald zeigen. Denn der Boxster nimmt einige Merkmale der nächsten 911-Generation vorweg. Sein 2,5-Liter-Sechszylinder-Motor leistet 204 PS (150 kW) und ist wassergekühlt – ein Ausblick auf die nächste Generation des 911. Mit ihr teilt er sich im Wesentlichen die Frontpartie. Das Gleichteile-Prinzip ist ein cleverer Schachzug, um Entwicklungs- und Produktionskosten zu sparen. Die mangelnde Differenzierung wird allerdings noch für Diskussionen sorgen.

Einstweilen steht aber noch der „alte" 993 in den Schaufenstern der Porsche Zentren. Bis 1998 werden von der Baureihe 993 insgesamt rund 68.800 Einheiten verkauft, die Absatzzahlen pro Jahr landen damit in etwa wieder auf dem Niveau des Vorgängers 964.

Am 31. März 1988 naht in Zuffenhausen jener Tag, den viele in der Porsche-Community in- und außerhalb der Werkstore gefürchtet haben. Der letzte luftgekühlte 911, ein rivierablaues Carrera 4 S Coupé, läuft vom Band. Etwas mehr als eine Million Porsche waren bis dahin „Luftikusse", das ist jetzt Geschichte. Der Typ 996 war als Nachfolger des 993 bereits ein halbes Jahr zuvor auf der IAA in Frankfurt präsentiert worden. Mit einem wassergekühlten 3,4-Liter-Motor soll er das große Erbe antreten. Immerhin ist es ein Sechszylinder-Boxer.

Erst vier Tage zuvor, am 27. März 1998, war Ferdinand „Ferry" Porsche im Alter von 88 Jahren in Zell am See verstorben. Ende einer Ära.

Michael Mauer
Interview

161

Michael Mauer

Was ist Schönheit, Herr Mauer?

(lacht) Schönheit entsteht natürlich immer im Auge des Betrachters. Objektiviert ist es etwas, das mich emotional berührt, wo ich gerne ein zweites Mal und ein drittes Mal hinschaue; etwas, woran ich mich gern erinnere. Gerade in der Natur – so wie vorhin hier in den Bergen. Diese Stimmung.

Dieses Licht. Wo ich innerlich einfach sage: So schön! Da vergesse ich alles um mich herum, da blicke ich drauf und kriege tatsächlich Herzklopfen. Und gleichzeitig kann ich eigentlich nicht sagen, warum. Aber es spricht zu mir. Es tut mir gut.

Macht Schönheit etwas mit Ihnen?

Ja, natürlich – es ist einfach wohltuend, etwas Schönes zu

betrachten. In dieser hektischen Welt gibt Schönheit eine innere Form von Sicherheit, sie beruhigt. Als Designer frage ich mich dann aber auch: Was ist es, was Schönheit bewirkt? Ich stelle mir dann die Frage: Was ist es denn jetzt eigentlich? Ist es die Farbe, die Form, die Proportion? Warum finde ich etwas schön? Zum Beispiel den Porsche 357. Wenn ich hinter dem Spyder stehe, denke ich: Kann es noch schöner sein, kann es noch besser werden?

Verändert sich Schönheit?

Natürlich, das beste Symbol dafür ist die Zahnlücke. Das Unperfekte wird zum Ausdruck von Schönheit. Sicher kann man sagen, Schönheit löst etwas in mir aus.

Ist gutes Design immer schön?

Gutes Design ist ästhetisch überzeugend und es ist emotional berührend. Es macht etwas mit einem – ich bleibe daran hängen. Das muss jetzt nicht immer das perfekt Schöne sein, weil das ja eher eine Tendenz zum Langweiligen hat. Gutes Design brennt sich ins Gedächtnis ein. Was mich emotional anspricht, verankert sich. Und deshalb sage ich: Design hat natürlich den Anspruch, Menschen zu gefallen, bei ihnen Begehrlichkeit auszulösen.

Wenn gutes Design Begehrlichkeit auslöst, dann erfüllt sich mein Begehren, sobald ich es besitze. Macht gutes Design also glücklich?

Mir fällt da spontan wieder das Thema Nachhaltigkeit ein, im Sinne von Langlebigkeit, Zeitlosigkeit. Also dieser Moment, wenn ich die Garage aufmache und auch nach einem Jahr noch denke: Mann, ist das schön. Das ist purer Lustgewinn.

Gutes Design ist also nachhaltig?

Ja, genau; es begeistert den Betrachter auch noch nach einem Jahr, nach zwei Jahren. Es begeistert auch noch, wenn der Nachfolger auf der Straße ist. Bei manchen Modellen sogar nach zwanzig Jahren. Jenseits vom 911 ist da zum Beispiel das Mercedes-G-Modell. Das begeistert mich noch immer in seiner Klarheit, in seinem Charakter. Der Wagen ist ja nicht in erster Linie schön, aber er ist ein Charakter, eine Persönlichkeit.

Warum zieht es Sie in die Berge und nicht ans Meer?

Ich kann auch am Strand sitzen und aufs Wasser gucken – aber in den Bergen entdecke ich mehr. Das ist für mich spannender. Ich sehe die Farben, die Wolken, die Höhe, und dann will ich einfach nur los – nach oben.

Suchen Sie das Alleinsein?

Ja, ich bin sicher eher der Typ, der in den Bergen diese Ruhe genießt. Nur noch Natur. Da entsteht bei mir eine gewisse Ehrfurcht. Wenn ich oben auf dem Berg bin und diesen Blick habe, habe ich dieses Gefühl, über den Dingen zu schweben – das gibt mir mehr als das Meer.

Ist es die Vielfalt?

Es ist der Abstand, der Abstand nach unten. Immer wenn wir am Freitag in die Berge fahren, ist es für mich ein wenig so, als wenn wir mit dem Flugzeug starten. Und wenn es am Sonntagabend wieder runter geht, denke ich: Okay, jetzt bist du wieder im Landeanflug, jetzt tauchst du wieder in die Welt ein. Also, das ist mein Bild. Wenn ich auf den Berg fahre, verlasse ich die Welt; dann löst es sich in mir. Da entsteht Gelassenheit. Wenn ich dann den Berg wieder herunterfahre, beginnt die erneute Annäherung an den Alltag, mit jedem Höhenmeter nimmt die absolute Freiheit etwas ab.

Geben Ihnen die Berge Kraft?

Ja, da ist zuerst einmal Wald und dann diese Unglaublichkeit des Winters in den Bergen. Der Schnee. Da gibt es dieses Buch „Unverfügbarkeit" von Hartmut Rosa, wunderbar, der beschreibt diese Einzigartigkeit von Schnee. Man kann Schnee nicht festhalten. Schnee kommt, niemand kann darüber verfügen. Das ist ein Geschenk. Schnee, Winter, wenn ich an einem Morgen durch den Wald gehe.

Wie ist dann die Welt um Sie herum?

Ganz verschneit. Dann ist alles so gedämpft. Hier oben hört man dann fast nichts mehr. Nur noch das eigene Atmen, das schlagende Herz, hie und da hört man vielleicht einen Ast knacken oder irgendein Tier. Ich kann mich dann viel mehr auf kleine Dinge fokussieren, und das gibt extreme Kraft.

Was ist Ihr Traum von Glück?

Echtes Glück ist für mich, und das ist sicherlich der Klassiker, dass ich gesund bin, fit bin. Glück ist, dass ich einige gute Freunde habe, dass ich eine tolle Partnerin habe und dass ich natürlich auch einen tollen Beruf habe; einen der mich erfüllt und es ermöglicht, mir ein paar Dinge zu leisten, an denen ich Freude habe. Unabhängigkeit ist vielleicht der beste Überbegriff für mein Glück.

Sie haben in Japan gearbeitet und auch in Schweden, aber jetzt im Schwäbischen mit der Kraftquelle Schweiz vor der Tür, da scheinen Sie richtig zu sein?

Ja, perfekt! Als damals die Anfrage kam, ob ich einmal mit Porsche sprechen möchte, mit Designchef Harm Lagaaij und mit Wolfgang Dürheimer, dachte ich: besser kann es nicht sein. Das ist Porsche, und ich bin immer noch in der Nähe der Berge. Schweden, das war eine schöne Erfahrung! Aber die Berge waren ungeheuer weit weg. Der Norden Schwedens war genauso weit entfernt wie die Alpen.
Ja, und dann Japan. Auch das eine Riesenerfahrung, aber diese Enge, diese vielen Menschen, die Megacity Tokio. Größer konnte der Kontrast nicht sein für jemanden wie mich, der

in einem Dorf im Schwarzwald aufgewachsen ist. Und dann kommt das Angebot von Porsche. Einer Automarke, die immer schon für mich ein Traum war. Klar habe ich immer davon geträumt, Porsche zu fahren. Aber ich wusste auch, Porsche ist viel zu teuer für mich.

Ist Ihnen immer bewusst, wie privilegiert Ihr Leben ist?

Ich bedanke mich jeden Tag beim Universum (lächelt) – ich habe in der Automobilbranche den Job, um den mich vermutlich 99 Prozent der Kollegen beneiden. Mindestens.

Machen Sie den Job gut?

Ich bin als Typ immer eher zweifelnd. Was für mich aber den positiven Effekt hat, dass ich mit dem Erreichten nie zufrieden bin – was vielleicht auch zu einer gewissen Zukunftsunsicherheit führt. Wenn ich aber sehe, wie erfolgreich die Marke Porsche ist, traue ich mich schon zu sagen, daran hat das Design sicherlich seinen Anteil. Das gilt natürlich für das Team, aber es gibt dabei auch meine Leistung. Das glaube ich schon. Das ist nicht so schlecht.

Sie scheinen zwei Dinge zu verbinden: ein gutes, stabiles Selbstbewusstsein für das, was Sie tun, und gleichzeitig dieses Ungewisse, dieses Zweifelnde – aber genau diese Verbindung scheint auch Ihre Triebkraft zu sein?

Das ist genau der Punkt. Zum Beispiel im Sport, beim Ski fahren. Früher dachte ich immer, alle anderen seien besser, dabei war ich gar nicht so schlecht. Aber genau dieses Zweifeln, ob das gut genug ist, was ich tue, ist meine Triebfeder.

Wie entsteht Design? Existiert vor Ihrem inneren Auge eine Idee des künftigen Produkts, beispielsweise des kommenden 911? Sehen Sie die Textur des Materials und die Spannung der Flächen voraus? Wie darf man sich das vorstellen?

Nein, kein fertiges Bild. Ich würde eher sagen, es ist eine Ahnung. Ein Gefühl, ob eine Linie passt oder nicht. Ob ein Modell Kraft hat oder noch zu wenig Eindeutigkeit besitzt.

Wie wichtig ist Fokussierung im Designprozess?

Ich denke, das sehe ich ähnlich auch bei Ihnen, wenn Sie ein Buch machen. Auch da haben Sie doch sicher die intuitive Empfindung, ob es passt oder nicht.

Wenn das immer so klar wäre … Sie denken also übers Fühlen?

Das geht doch kaum anders. So wie der Psychologe und Nobelpreisträger Daniel Kahnemann es nennt: „Schnelles Denken, langsames Denken". Ein sehr kluges Buch. Wie wollen wir sonst aus den Millionen von Sinneseindrücken die wesentlichen selektieren? Das geschieht intuitiv, also über den Bauch, über das Gefühl. Sonst würden wir als Menschen nicht funktionieren. Im Prinzip ist da zuerst eine Empfindung. Irgendetwas passt nicht. Dann fängt man an, zu überlegen, warum es vielleicht nicht passt. Am Ende des Tages ist es einfach ein Gefühl. Das habe ich schon als junger Designer bei Mercedes erlebt. Da kam Designchef Peter Pfeiffer rein, schaut einmal und sagt: Diese Linie da, die passt nicht. Und er hat recht. Ich stehe seit Wochen am Modell und bemerke es nicht, und er kommt, sieht und korrigiert. Da kommen zwei Dinge zusammen. Erfahrung und Abstand – und jetzt sind wir wieder bei den Bergen. Man braucht Distanz, um die Dinge richtig zu sehen.

Wie oft brauchen Sie Abstand von Porsche?

Ich habe als Automobildesigner grundsätzlich nie Abstand von meinem Job. Ich merke, ich brauche den Abstand, aber ich merke interessanterweise auch, es fällt mir zunehmend schwer, Abstand zu nehmen. Das hat auch mit Verantwortungsbewusstsein zu tun. Die Maschinerie läuft ja immer weiter.

Was bringt Sie an Ihre Grenzen?

Ignoranz, Respektlosigkeit, und wenn ein Ding nach dem anderen nicht läuft. Wobei ich darauf achte, dass ich nicht jedes Detail kontrolliere. Deshalb war es mir wichtig, dass wir eine Design-Strategie haben. Das sind jetzt die Leitplanken, gewissermaßen das Mauer-Prinzip. Das erleichtert dem Team die Arbeit. Und mir auch.

Effizienz gibt's also auch im Design?

Ich muss eigentlich nur noch beurteilen, passt das in diesem Korridor, oder passt es nicht? Und selbst wenn ich denke, naja, ich wäre jetzt etwas weiter nach links gegangen, aber das rechts ist ja jetzt nicht schlechter, es ist halt einfach nur anders. Aber es passt. Für mich ist es immer nur in dem Korridor der „richtigen Richtung". Dann passt es für mich.

Wie gehen Sie mit Ungewissheiten um?

Als Mensch bevorzuge ich die Sicherheit. Auch mir geht es so, dass ich gern wüsste, wo es hingeht. Als Designer weiß ich aber, dass Unsicherheit Teil meines Tagesgeschäfts ist. Die Suche, das Zweifeln, das Nichtkennen des fertigen Entwurfs. Nicht zu wissen: Wird es gut? Ich glaube, dass ich über den Beruf gelernt habe, mit Unsicherheit gut umzugehen. Das Thema Erfahrung ist an dieser Stelle ganz wichtig. Ich sehe das, wenn ich in den Bergen unterwegs bin, beim Ski fahren. Da stellt sich dann die Frage: Fahre ich in den Hang rein oder nicht? Da ist die Unsicherheit, hält er oder hält er nicht? Da hilft dann das Gefühl, die Einschätzung, die Erfahrung. und zugleich ist da auch ein Stück weit der Reiz des Risikos.

Ungewissheit als Inspirator?

Ja, ich glaube schon. Unsicherheit heißt im Prinzip nur, dass die Dinge noch nicht fixiert sind, dass man sie noch gestalten kann. Und das heißt Freiheit. Das ist so gesehen doch sehr reizvoll.

Wie ist Ihr Verhältnis zur Natur?

nanuk
black crows
SALOMON

Mein Verhältnis zur Natur ist sehr innig. Für mich ist das genau der Gegenpart zu meinem Beruf. Mich in der Natur zu bewegen, herunterzukommen, Kraft zu schöpfen. Ich liebe die Natur.

Ist die Natur nicht wichtiger als das Designstudio?

Wichtiger weiß ich nicht. Ich würde jetzt spontan sagen: Da gibt es für mich jetzt nicht wichtiger oder unwichtiger, sondern es braucht beides. Manchmal überlege ich, ob ich nur in der Natur leben könnte. Wahrscheinlich viel eher als viele andere Menschen. Aber letztendlich brauche auch ich die Nähe von Freunden, das Gespräch, ein gemeinsames Abendessen. Ganz ohne geht es nicht. Aber Natur und Einsamkeit, das brauche ich einfach. Vielleicht auch als Gegenpol, als Gegensatz, um diese Spannung im Beruf aufrecht zu erhalten.

Wann wussten Sie, dass Sie Autodesigner werden wollen?

Nachdem mein Vater aus Verzweiflung darüber, was aus seinem Sohn werden soll, sich darum kümmerte. Und sensationellerweise war damals der PR-Chef von Mercedes bei ihm Patient. Und zu dem sagte er: „Mein Sohn liebt Autos und Kunst. Gibt es eigentlich einen Beruf, bei dem das zusammenkommt?" Die Antwort: Automobildesigner. Ich wusste nach dem Abitur nicht, was ich tun sollte und dachte, ich werde Surflehrer und Skilehrer. Das habe ich dann einen Sommer und eine Schneesaison lang gemacht, und dann war mir klar, dass mich das nicht erfüllt. Dass es mir keinen Spaß macht, untalentierten Menschen just in dem Moment etwas beizubringen, in dem die Schneebedingungen oder die Windverhältnisse ideal sind. Da kam mein Vater mit der Idee vom Automobildesigner und dem Angebot, ich könne ein Praktikum machen bei Mercedes. Spätestens da war mir klar, dass das mein Job ist.

Das heißt der Anfang war Mercedes-Benz und heute Porsche – hochkarätige Marken.

Ja, dazwischen lagen dann noch Smart in Tokio und Saab in Trollhättan. Ich hatte überall eine sensationelle Zeit, und am Ende des Tages bin ich jetzt fast 40 Jahre im Job.

Wie wichtig ist Talent beim Beruf des Automobildesigners?

Mehr harte Arbeit als Talent – aber ohne Talent geht es nicht.

Wann haben Sie gemerkt, dass Sie talentiert sind?

Ich habe nie gedacht, dass ich besonders viel Talent habe. Als ich anfing, wurde mir klar, dass ich überhaupt nicht sehr weit war mit meinen Darstellungstechniken. Da war dann ein junger Kollege aus Pasadena, der hatte es voll drauf. Ich bot ihm an, ich könne ihm das Ski fahren beibringen – er stammte aus dem Libanon, war aber in den USA aufgewachsen – und im Gegenzug bringt er mir das Zeichnen bei. Perspektive, Renderings, solche Dinge – von ihm habe ich viel gelernt. Ich war nie sehr gut darin. Ich spürte dann aber, dass ich ein gutes Talent hatte, strategisch zu denken. Und das habe ich dann versucht, auf meine Entwürfe anzuwenden.

Wie schaffen Sie es, dass der 911 den Menschen offenbar ein Glücksgefühl vermittelt?

Die Voraussetzungen dafür sind beim 911 von vornherein nicht schlecht, weil die meisten Menschen mit ihm den Inbegriff des Sportwagens verbinden. Für viele ist es der Kindheitstraum, den sie sich in späteren Jahren erfüllen. Wenn Träume in Erfüllung gehen, ist das per se mit einem Glücksgefühl verbunden. Und dann ist da natürlich von unserer Seite der Anspruch, dass der 911 immer als 911 zu erkennen ist. Aber es gilt eben immer wieder, diese Designsprache weiterzuführen, zu modernisieren.

Ist denn das, was die Menschen beim 911 glücklich macht, immer noch die Idee von F. A. Porsche?

Ich gehe erstmal zurück zum 911 an sich, oder zum Sportwagen an sich. Also zu Gegenständen, die man nicht wirklich braucht. Diese Objekte haben eher das Potenzial, einen Menschen glücklich zu machen. Man braucht es nicht, und deshalb ist es eine bewusste Entscheidung. Obwohl man es nicht braucht, will man es haben. Oder vielleicht gerade deshalb, weil man es mit Luxus verbindet. Genau deshalb hat man schon eine ganz andere Beziehung zum 911. Und genau darin spiegelt sich diese Begeisterung, die ein F. A. Porsche oder ein Ferry Porsche hatte, als er den ersten Sportwagen mit seinem Namen gebaut hat. Es ist dieser Enthusiasmus, etwas Aufregendes und Schönes zu schaffen. Etwas, das Spaß macht. Ich finde, das spürt man immer noch.

Was gibt es Schöneres als einen 911 zu designen?

In der Automobilwelt ist das schwer vorstellbar, auch wenn es natürlich noch einige andere Ikonen gibt, wie den Land Rover oder den Mini. Was mich aber auch reizt, sind Fahrräder,

Möbel und Ski. Also auch Dinge, die ich gern selbst benutze, die aber in dieser Ausprägung auch niemand braucht.

Nachdem die vergangenen Jahrzehnte sehr zahlen- und technikdominiert waren, beginnt jetzt eine Epoche des Designs, der Schönheit?

Die letzten Jahrzehnte in der deutschen Automobilindustrie waren tatsächlich sehr technikorientiert. Die Technik verliert aber zunehmend ihre Bedeutung als Differenzierungsmerkmal. Wir haben viel mehr Verkehr als früher, mehr Gesetze, andere Antriebstechnologien – was bleibt also am Ende des Tages? Ich schaue das Objekt an, und es gefällt mir, oder es gefällt mir nicht. Es geht darum, was das Auto ausdrückt, welches Gefühl weckt es in mir? Die Chinesen haben das erkannt. Drei Millionen Chinesen studieren aktuell Design. In Asien hat man ein klares Verständnis dafür, was in Zukunft der entscheidende Erfolgsfaktor sein wird: Das Design. Es weckt Gefühle, da beginnen dann in den Köpfen Filme abzulaufen. In Zukunft wird es nicht nur um die Produkte gehen, sondern um die Marke. Deshalb wird die Bedeutung der Designer zunehmen, denn die Kriterien, nach denen wir Fahrzeuge gestalten, lassen sich auf die gesamte Marke anwenden. Von der Werksführung bis zum Konfigurator. Nicht umsonst spricht man heute von „Love Brands".

Fragen:
Edwin Baaske

Fotos:
Markus Bolsinger

Das Porsche Design des 21. Jahrhunderts

von
Matthias Kriegel

Foto:
Unternehmensarchiv
der Dr. Ing. h.c. F. Porsche AG

Michael Mauer bestimmt die Formgebung aller Porsche-Modelle des 21. Jahrhunderts. Sein Credo, durch das ein Porsche zum Porsche wird, lautet gestaltete Präzision. Design muss funktional sein und es muss die Werte der Marke visualisieren – so wird es zur Königsdisziplin. Unter Mauers Ägide erreichten Porsche-Sportwagen eine nie dagewesene Diversität. Die Modellvielfalt des 911 ist größer als je zuvor.

Die SUV Cayenne und Macan begründeten eine völlig neues Segment, und der Taycan führt die Marke optisch brillant in eine nachhaltige Zukunft. Alle Modelle, die aktuell das Porsche-Portfolio ausmachen, tragen Mauers Handschrift: eine Auswahl der Design-Highlights Made by Mauer.

911 Carrera

Allein das Exterieurdesign des 911 Targa unterstreicht, was in ihm steckt: Performance. Im Vergleich zum Vorgängermodell ist die Karosserie vorn um 45 Millimeter breiter, klar zu erkennen an den prägnanten Radhäusern, die sich etwa beim 911 Targa 4 an der Vorderachse über 19 Zoll große Räder wölben, während an der Hinterachse 20 Zoll große Räder sitzen. Zwischen die LED-Scheinwerfer legt sich die Fronthaube mit eingeprägter Vertiefung – eine Reminiszenz an das Design des ersten 911 von 1963.

Neben dem nahtlosen Leuchtenband sitzt am Heck ein breiterer, variabel ausfahrbarer Heckspoiler. Typisch für den Targa ist die innovative Dachkonstruktion. Sie besteht aus zwei beweglichen Teilen: einem Softtop und einer beheizbaren Glasheckscheibe. Die Kombination aus breitem Heck und Targa-Bügel mit kuppelartiger Heckscheibe verkündet: maximale Sportlichkeit und zeitloses Ewigkeits-Design.

192

718 Cayman

Der 718 ist der legitime Erbe des Ur-Porsche, des 356 „Nr. 1" Roadster, der nicht nur das erste Fahrzeug der Marke war, sondern zugleich der erste Mittelmotorsportwagen. In dieser Tradition präsentiert sich der 718 Cayman als agiler Straßensportler. Die unverwechselbare Silhouette mit der mittelmotortypischen Flyline, das breite Heck mit schwarzer Akzentleiste, die über der Fronthaube liegenden Kotflügel – unverkennbar Porsche. Auch die Seitenlinie betont das Mittelmotorkonzept.

Die Linienführung an den Türen lenkt die Luft in die seitlich platzierten Lufteinlässe – Design trifft Performance. Der Ausdruck sportlicher Höchstleistung wird zudem durch das Heck hervorgehoben. Es erscheint klar und reduziert und wirkt durch die Akzentleiste zwischen den beiden Heckleuchten doch sportlich breit. Der Cayman vereint den Sportsgeist des legendären 718 von 1957 und den Sportwagen der Gegenwart. Sein Ziel: nicht das Alltägliche, sondern Extravaganz.

918 Spyder

Bei seiner Premiere ist er der schnellste Serien-Porsche mit Straßenzulassung: der 918 Spyder mit Hochleistungs-Plug-In-Hybridantrieb. Das spiegelt sich auch in dem Design des auf 918 Exemplare limitierten Hightech-Racers wider. Er ist gestaltet als Hommage an legendäre Rennwagen wie den 917 oder den RS Spyder. Eine tief liegende Fronthaube, breite Schultern im Heckbereich und eine kuppelförmige Fahrerkabine unterstreichen die Porsche-typische Formgebung. Die immense Leistung wird durch stark ausgeformte Kotflügel betont, die sich zusammen mit der B-Säule wie eine zweite Haut um die Fahrerkabine spannen – dieses Styling zitiert dabei den Porsche 935 aus den 1970er-Jahren.

Absolut unverwechselbar ist die Motorraum-Abdeckung: In den prägnanten Hutzen, die ab den Kopfstützen nach hinten verlaufen, führen die beiden polierten Endrohre der Top Pipes ins Freie.

Macan

Mauers Kunstwerk. Unterhalb des Cayenne entstand der Macan – und wurde gleich zum Bestseller. Das etwas dezentere Design, die weniger wuchtige Größe und der sich wandelnde Zeitgeist lieferten die richtigen Impulse zum richtigen Zeitpunkt. Dass der Macan ein prägendes Mitglied der Zuffenhausener Familie ist, zeigen zahlreiche Details, die an die Ikone 911 oder den Technologieträger 918 erinnern. Seinen Anspruch als Sportwagen-SUV verkörpert er auf den ersten Blick.

Im mittleren Kühllufteinlass unterhalb des Grills greift das Bugteil neue 3D-Elemente auf. Diese wiederholen sich im Bereich des schwarzen Diffusors, der zudem über integrierte Rückstrahler verfügt. Die 3D-Optik wird auch an der Flanke betont: Hier setzen Sideblades neue Akzente. Der GTS, der sportlichste Macan, hebt sich optisch zudem von den Derivaten ab.

Cayenne

Von Beginn an markiert der Porsche Cayenne die Speerspitze aller sportlichen SUV. Die neueste, 2023 vorgestellte Generation bestätigt das unverwechselbare Exterieur-Design und denkt es zugleich weiter. Der elegante, gestreckte Ausdruck des Geländewagens entsteht durch 63 Millimeter mehr Außenlänge und eine neun Millimeter geringere Dachhöhe – bei einem unveränderten Radstand von 2.895 Millimetern. Die bis zu 22 Zoll großen Räder unterstreichen den bulligen Auftritt und sorgen gleichzeitig für sicheres Fahrverhalten.

Die stark ausgeprägte Motorhaube mit ihrem Powerdome betont die Kotflügel – diese Breitenwirkung wird durch die seitlichen Stege der zentralen Lufteinlässe noch verstärkt. Highlight ist die neue Scheinwerferkontur mit dem markentypischen Vier-Punkt-Tagfahrlicht. Trotz neuer Dimensionen hat der Cayenne nichts von seiner Produktidentität verloren – man erkennt ihn sofort, auf den ersten Blick.

Panamera

Als er 2009 debütierte, war auch der Panamera ein Novum in der Modellpalette von Porsche. Eine viertürige Limousine – das gab es nicht. Schon auf den ersten Blick wird deutlich: Der Panamera verbindet exzeptionelle Performance und komfortablen Luxus, Sportwagen und Limousine. Die SportDesign-Front mit markanten Einlassgittern für den Luftstrom und offensiven seitlichen Kühlöffnungen sowie der schmalen, einzeiligen Bugleuchte unterstreichen die Ausnahmeposition im Porsche-Kosmos.

Produktsignal und Teil der Markenidentität ist das von Dynamik kündende Heck. Das durchgehende Lichtband läuft nahtlos über die Gepäckraumklappe und verbindet sich mit den LED-Leuchten zu einem vollendeten Element. Mittlerweile ist die Krone der Porsche-Produktfamilie in fünfzehn Varianten erhältlich – jede einzelne mit ihren eigenen Attributen und Akzenten.

Taycan

Mit dem Taycan öffnet Porsche völlig neue Wege. Es galt, eine innovative, jedoch der Markenidentität entsprechende Formgebung zu kreieren und zugleich dem erste E-Porsche Unverwechselbarkeit zu verleihen. Die Sportlimousine mit ihren vier Türen zitiert die vom 911 bekannte, abfallende Dachlinie.

Produktidentität zeigen die charakteristischen Seitenpartien, die fast schon skulptural wirken. Prägend dabei: die schlanke Kabine, die eingezogene C-Säule sowie die ausgeprägten Schultern der Kotflügel.

Innovative Elemente wie den Porsche-Schriftzug in Glasoptik am Heckleuchtenband künden vom Aufbruch in ein neues Zeitalter. Ihre Proportionen lassen die E-Limousine extrem sportlich wirken, betont noch einmal durch die flach abfallende Fronthaube. Das Vierpunkt-Tagfahrlicht fällt so flach und breit aus wie bei keinem anderen Modell.

Generation 996

Illustration:
Team Style Porsche

Fotos:
Markus Bolsinger
Heiko Simayer

Zitat:
Michael Mauer

996

„Der 996 ist ein echter Meilenstein. Was gleich auffällt, ist sein deutlich längerer Radstand. Daraus resultiert, dass wir vom ersten komplett neuen 911 sprechen können. Eine bemerkenswerte Designleistung! Sie visualisiert den Aufbruch in die Neuzeit. Das zeigt bereits die Windschutzscheibe. Sie ist deutlich flacher und macht die Silhouette schneller. Ach, und die Scheinwerfer – ein Genuss."

Eine ausdrucksstarke Schulterpartie schafft positive Spannung

S G09968

16
14
10
250
200
300
150
100
50
KM/H
3
2
1

5
6
7
40
80
120
4/4
2/4
0
5
4
3
2
1
0
KM/H

S G09968

D
S G09968

Solitär in Serie

Im Elfer-Design beginnt das Wachstum. Der 996 kommt zur rechten Zeit. Porsche hat wieder Zukunft – optisch, technologisch und auch finanziell.

von
Elmar Brümmer

Das Schöne sichtbar werden zu lassen, gehört zu den vornehmsten Aufgaben des Automobil-Designers. Schönheit birgt große Chancen, manchmal auch Risiken, viele Ansichten. Und so wird sie sichtbar, beinahe greifbar, die Zäsur in der Evolution des Porsche 911. Die Baureihe 996 ist nicht nur die erste, die einen wassergekühlten Sechszylinder-Boxermotor im Heck beherbergt, sie basiert auch – anders als alle Vorgängermodelle – erstmals nicht mehr auf den Entwürfen von F.A. Porsche. Der Radstand vergrößert sich auf 2,35 Meter, die Karosserie wird dadurch um 19 Zentimeter länger und 9,5 Zentimeter breiter. Was macht das mit der schönen, so kostbaren Linienführung?

Nah dran bleiben und sich dennoch entfernen, das ist die nicht einfach zu lösende Aufgabe für Designchef Harm Lagaaij und den ausführenden Designer Pinky Lai. Neue Breite und Länge führen nicht nur zu einem anderen Fahrgefühl, auch der Blick auf den Elfer ändert sich. Die härteren Linien des spartanischen Sportwagens werden runder, führen zu einem weicheren Fahrzeugkörper. Aber um den Body geht es in den Diskussionen der gusseisernen 911-Fahrgemeinde zunächst gar nicht: Sie schauen dem Elfer kritisch in die Augen, und viele erschrecken richtiggehend. Die Scheinwerfer sind nun flach in den Kotflügel integriert, aus Kostengründen vereint das Bauteil fünf Licht-Funktionen in einem, Blinker inklusive. Schnell wird die Neuentwicklung „Spiegelei" getauft.

Schönheit rettet die Firma

Es ist jedoch nicht nur die neue Optik, die manchen Elfer-Fahrer dabei stört. Die angespannte finanzielle Lage bei Porsche führt zu einer Gleichteile-Strategie, viele Bauteile des 996 werden auch im Boxster verwendet. Das verletzt manchen Besitzerstolz. Und wieder kommt dem All-inclusive-Scheinwerfer eine besondere Bedeutung zu: im Rückspiegel ist der Unterschied zwischen den beiden Modellen kaum zu sehen, was natürlich erzürnt: Ein Elfer muss doch unverwechselbar bleiben! Und wo wir gerade beim strahlenden Vorbildcharakter sind: Auch der Verlust des durchgehenden Leuchtenbandes am Heck wird schmerzlich beklagt. Doch die Polarisierung sorgt auch für eine verstärkte Aufmerksamkeit, innerhalb von acht Jahren werden vom 996 fast so viele Fahrzeuge verkauft wie vom G-Modell, das doppelt so lang vom Band lief. Die generelle Liebe zum Elfer war also keineswegs getrübt, zur neuen Leidenschaft beigetragen haben mag auch der anders gestaltete Klarglas-Scheinwerfer bei der zweiten Auflage des Modells. Selten war der Begriff „facelift" so treffend wie hier.

Die Leuchten sind auch bei unserem Besichtigungstermin in Weissach die Eckpunkte für die nachträgliche Betrachtung des Designs. Aber natürlich ist da auch die geradlinigere Karosserie sofort sichtbar, der typische Übergang von den vorderen Kotflügeln über die Türen bis zum hinteren Kotflügel fehlt. „Der 996 ist ein Meilenstein", sagt Michael Mauer mit routiniertem Blick. Er hat sich oft mit dieser Modellreihe auseinandergesetzt, sie gibt Anstöße für die eigene Arbeit, wenn bei einem Porsche die Änderung des Gesamtpaketes anstehen sollte: „Die Designer haben gute Arbeit geleistet, um die neue Linienführung zu visualisieren und die veränderte Technologie zu verpacken."

Im Zitatenschatz von Elfer-Vater F.A. Porsche finden sich zur Kunst und zum Zwist des Machtbaren die passenden Worte: „Automobile sind für einen jungen Designer das, was er sich wünscht. Aber wenn man es dann kennt, dann stellt man fest, dass es gar nicht so einfach ist – das Träumen ist immer anders als die Wirklichkeit." Die Schönheit hat demnach immer auch den hohen Preis der intensiven Auseinandersetzung, beim 996 war es der Übergang von der „old school" zur „modern school", wie es Pinky Lai ausdrückt. Damit meint der aus Hongkong stammende Designer nicht nur das Erscheinungsbild, wie es später auf Rädern stand, sondern auch schon den Entstehungsprozess des Elfers. Denn erstmals entstanden die Modelle auf Basis von Computerdaten. Und bei Style Porsche wurde ein Wettbewerb um die Form des neuen 911 ausgerufen, vier Designer-Teams traten gegeneinander an. Die progressive Vorgehensweise hatte auch einen starken wirtschaftlichen Hintergrund, wie Lai in einem Interview verraten hat: „Es ging nicht nur darum, den Elfer in Form zu halten. Das Modell musste Porsche finanziell retten." Es brauchte einen „big bang".

Optik braucht Mut

Für Michael Mauer ist der dunkle 996, wie er da in Vorzeigeverfassung in Weissach steht, ein guter Beweis für eine seiner Lieblingsthesen: „Designer verändern Sehgewohnheiten." Und dann diktiert er, was er sieht: „Wir sehen den ersten wirklich neuen Neunelfer. Bis zu diesem Zeitpunkt hatte man es mit mehr oder weniger großen Überarbeitungen geschafft, den 911 am Leben zu erhalten. Das hier ist eine echte Zäsur. Der Radstand hat sich deutlich verändert, die Windschutzscheibe ist flacher geworden, damit auch die Flyline. Die Silhouette wird dadurch schneller. Der 996 hat eine gewisse Klarheit, er wirkt aufgeräumt." Für Mauer ist es insgesamt ein „wahnsinniger" Sprung, den der Sportwagen gemacht hat, optisch wie technologisch.

Nicht nur verbal tritt er jetzt ein paar Schritte zurück, denn er weiß, dass sich mit etwas Abstand der Blickwinkel verändert, und das gilt genauso für den Abstand in Jahren. Die anfängliche Kritik am 996 wirkt vergessen, und das findet der Chef-Gestalter von heute beim Blick zurück auch völlig in Ordnung: „Ich finde die Design-Leistung mit diesem größeren Schritt bemerkenswert. Sie visualisiert den Aufbruch in eine neue Zeit. Auch durch die mutige, andere Scheinwerfergrafik. Alles ist integriert, technisch interessant, reduziert." Wenn er überhaupt etwas ankreiden wolle, dann nur sein Empfinden, dass alles ein bisschen weich erscheint.

Mit der gebührenden und ihm gut stehenden Zurückhaltung beschäftigt sich Michael Mauer auch nach der Stabübergabe durch Harm Lagaaij 2004 mit dem Thema Zäsur beim Elfer: „Wir wären mit dem Klammerbeutel gepudert, wenn wir einen radikalen Schwenk machen würden. Warum? Wozu? Das Design bei Porsche, das immer so erfolgreich gemacht wurde, muss eine Fortschreibung, ein Fortschritt sein. Deshalb müssen Entwicklungsschritte im Design zwar behutsam sein, aber auch nicht zu ängstlich."

S G09968

250 300
6
7
120
4/4
2/4

Generation 996 – Der Revolutionär

Der 911 der fünften Generation macht vieles anders als sein Vorgänger. Und bleibt unverwechselbar ein 911. Das Ende der Luftkühlungs-Ära erscheint vielen als schmerzhaft.

von
Thomas Ammann

Foto:
Georg Fischer

Was musste er sich nicht alles vorwerfen lassen, als er das Licht der Welt erblickte: Zu groß sei er geraten, dazu dem Boxster wie aus dem Gesicht geschnitten, dann diese Spiegeleier-Leuchten, vor allem aber: Wasserkühlung! Die fünfte Generation des 911, der Typ 996, hatte es anfangs nicht leicht. Heute weiß man: Er überzeugte mit seinen Qualitäten, verkaufte sich blendend, sicherte die Eigenständigkeit von Porsche und wurde technologisch zum Wegbereiter für die Zukunft des 911. Aus all diesen Gründen ist der Revolutionär längst zum Klassiker gereift.

Mitte der 1990er-Jahre ist das Unternehmen wieder dort, wo es hingehört: in der Gewinnzone. Rasch wird auch klar, dass die Entwicklung einer neuen Modellreihe unterhalb des 911 die goldrichtige Entscheidung war. Der Boxster, der 1996 auf den Markt kommt, entwickelt sich zum Verkaufsrenner. Auch der luftgekühlte Oldie 993 hält sich immer noch gut mit seinen Verkaufszahlen. Im Geschäftsjahr 1995/1996 werden rund 20.100 Einheiten des 911 hergestellt, so viele wie nie zuvor in der Geschichte des Unternehmens. Zu dieser Zeit steht die Nachfolgegeneration des 911 längst in den Startlöchern.

Der intern 996 genannte Typ wird seit Anfang der 1990er-Jahre zeitgleich mit dem Boxster entwickelt, aber erst zwei Jahre später der Öffentlichkeit präsentiert. Eine der revolutionären Ideen ist, den Mittelmotor-Roadster und den Heckmotor-Sportwagen von der Front bis zur A-Säule vollkommen identisch zu gestalten. Die Schöpfer sind sich dabei der Verwechslungsgefahr bewusst, aber im Vordergrund steht damals das Projekt Porsche-Rettung. Das Gleichteilekonzept soll helfen, Kosten für Entwicklung und Produktion zu sparen. Dass sich auch die Leuchteinheiten der beiden Modelle wie ein Ei dem anderen gleichen, ruft vor allem in der Presse herbe Kritik hervor. Dabei war das Konzept sehr innovativ: Unter einer Abdeckung werden mit Abblendlicht, Fernlicht, Blinker, Standlicht und Nebelscheinwerfer gleich fünf Funktionen vereinigt. Später spendiert Porsche dem 996 neu gestaltete Klarglas-Einheiten und verschafft ihm dadurch mehr Eigenständigkeit gegenüber dem kleineren Bruder Boxster.

Der wichtigste Schritt bei der Entwicklung ist aber die Abkehr von der Luftkühlung, die bei Porsche schon seit Ende der 1980er-Jahre erprobt wird. Sie ist dem Fortschritt und den steigenden Ansprüchen der Abgas- und Lärmgesetze geschuldet – und der Tatsache, dass die Luftkühlung am Ende ihrer Entwicklungsmöglichkeiten angekommen ist. Der Abschied fällt auch den Ingenieuren schwer. Eine Zeitlang wird herumexperimentiert, sogar mit einem kompakt bauenden V8-Motor, aber irgendwann ist klar: In Sachen Leistungssteigerung und Effizienz ist die Luftkühlung nicht mehr zeitgemäß. Vierventil-Zylinderköpfe mit obenliegenden Nockenwellen, wie Porsche sie auch im Rennsport einsetzt, verlangen nach Wasserkühlung. So wird aus dem 2,5-Liter-Sechszylinder-Boxer des Boxster zunächst der 3,4-Liter-Motor des 996 mit einer Leistung von 300 PS (221 kW) entwickelt. In einer weiteren Entwicklungsstufe entsteht ein 3,6-Liter-Aggregat mit 320 PS (235 kW). Mit dem luftgekühlten Motor des 993 hat er nur noch die Zylinderzahl und das Boxer-Prinzip gemein. Es sei an der Zeit gewesen, „alte Zöpfe abzuschneiden", sagt August Achleitner, damals Leiter der Abteilung Technische Produktplanung, Fahrzeugkonzepte und Package inklusive Sonderprojekte und damit verantwortlich für die 996-Gesamtfahrzeugkonzeption.

Unter dem Motto „Evolution 911" wird das neue Carrera Coupé im September 1997 auf der Frankfurter IAA vorgestellt. „Obwohl der Typ 996 von der ersten bis zur letzten Schraube neu entwickelt wurde, besitzt er alle typischen Merkmale eines ‚Elfers' und ist gegenüber der Vorgängerbaureihe 993 in nahezu allen Punkten verbessert worden", schreibt Konzernhistoriker Dieter Landenberger. Das mag stimmen. Aber die Traditionalisten sind entsetzt: Wasser? Befand sich im 911 bisher nur im Scheibenwaschbehälter. Doch Porsche hat längst andere Zielgruppen im Blick als nur die eingeschworenen Luftkühlungs-Fanatiker. „Der neu entwickelte Sportwagen soll nicht mehr nur vorwiegend den traditionellen Sportfahrer ansprechen", erläutert Landenberger, „sondern als eine ‚Synthese von Sportlichkeit und Komfort' die offensive Strategie der Kundeneroberung weiter ausbauen."

Das ist die Idee dahinter: Der 996 ist länger und breiter als seine Vorgänger – was unter anderem dem vergrößerten Motor im Heck geschuldet ist – und deutlich komfortabler. Dem Ursprungskonzept entsprechend bleibt er ein 2+2-Sitzer. Er ist eher Gran Turismo als pures Sportgerät und nimmt damit nach dem Wunsch von Porsche eine Alleinstellung auf dem Markt ein. Ausgiebig hatte sich die Marketingabteilung des Hauses schon seit Jahren mit den Kundenwünschen an ein neues 911-Modell beschäftigt. „Insgesamt sind unsere

Vom Winde verweht – und vom Wasser gekühlt. Der 996 bricht mit der jahrzehntelangen und von den Fans heißgeliebten Tradition der Luftkühlung. Mindestens ebenso groß ist der Aufschrei angesichts der Gleichteilestrategie, die für 911- und Boxster-Front gilt. Doch nachdem sich der Sturm gelegt hat, zeigt sich, dass auch mit dieser Baureihe wieder ein Klassiker entstanden ist.

Elfer-Kunden – wie auch die Gesellschaft insgesamt – älter geworden", erklärt der damalige Marketing-Leiter Gerd Mäuser im Kundenmagazin Christophorus. „Sie schätzen deshalb jetzt mehr Komfort und Sicherheit, legen parallel dazu nach wie vor hohen Wert auf mehr Sportlichkeit, und sie wünschen sich das Mehr an Leistung bei sinkenden Verbrauchswerten."

Alle diese Anforderungen erfüllt der Typ 996 perfekt. Die Kunst für Designer und Entwickler besteht darin, aus ihm einen unverwechselbaren 911 zu machen. Und auch das gelingt. Die klassische Linie wird auch bei gewachsenen Dimensionen beibehalten und gleichzeitig zeichnet sie sich durch einen hervorragenden cW-Wert von 0,30 aus. Alles ist neu – und dennoch vertraut. Auch im Interieur: Die fünf Instrumente im Armaturenbrett bleiben erhalten, der Drehzahlmesser dominiert weiterhin in der Mitte, aber die anderen vier Instrumente werden nun als Halbkreise links und rechts davon angeordnet. Erstmals wird für den 911 mit dem Porsche Communication Management (PCM) ein Navigationsgerät ab Werk angeboten.

„Eine Legende löst man nicht ab, man gründet eine neue", lautet ein Slogan der Werbekampagne zur Einführung des 996. Im Frühjahr 1998 erlebt das Cabriolet seine Weltpremiere auf dem Genfer Automobilsalon. Das elektrisch betätigte Verdeck türmt sich nicht mehr hinter den Passagieren auf, sondern legt sich beim Öffnen flach unter eine neu gestaltete Heckklappe. Ein Novum ist auch das ab Werk erhältliche Hardtop. Im Herbst desselben Jahres wird in Paris der Carrera 4 mit permanentem Allradantrieb vorgestellt. Im Frühjahr 1999 folgt in Genf der 911 GT3, der die Tradition des 993 Carrera RS fortsetzt. Mit seinen 360 PS

(265 kW), später 381 PS (280 kW), bestehen an seiner sportlichen Auslegung keine Zweifel. Für den Rennstreckeneinsatz ist der GT3 auch in einer Clubsportvariante erhältlich, die unter anderem mit Überrollbügel, Kofferraumhaube und Motordeckel aus CFK, Schalensitzen, und Sechspunktgurt ausgestattet ist.

Die offensive Strategie des Porsche-Managements scheint sich auszuzahlen. Das Geschäftsjahr 1997/1998 wird zum besten in der Geschichte des Unternehmens, das 1998 sein 50-jähriges Bestehen feiert. Insgesamt können mehr als 36.600 Porsche-Sportwagen – 911 und Boxster – abgesetzt werden. Am 3. Juni 1998 gibt Porsche die Entscheidung zum Bau einer dritten Modellreihe bekannt. Ein „geländegängiges Mehrzweckfahrzeug" soll neue Absatzmärkte erschließen. Aus Kostengründen wird das Projekt gemeinsam mit Volkswagen realisiert, die Entwicklungsführerschaft liegt jedoch bei Porsche. Und noch eine Revolution: Am Standort Leipzig soll ein neues Porsche-Werk für die Montage des Viertürers entstehen. Der Cayenne wird später zu einer eigenen Erfolgsgeschichte.

Mit dem 1999 in Frankfurt präsentierten 911 Turbo erhalten nun auch die Wassergekühlten ihr Topmodell. 420 PS (309 kW) bringt der allradgetriebene Elfer auf die Straße, eine am Heck verbreiterte Karosserie, Kühllufteinlässe an den hinteren Kotflügeln und ein breiter, elektrisch ausfahrender Heckspoiler sind die traditionellen Attribute des bis dahin stärksten 996. Auf Wunsch ist nun erstmals beim Turbo mit der Tiptronic S ein automatisches Getriebe lieferbar. Mit den Schaltwippen am Lenkrad lassen sich die fünf Gänge auch von Hand wechseln. In einem spannenden Gegensatz zu den Leistungsdaten des Supersportwagens steht sein ruhiger Werbeauftritt, der eine elitäre Weltabgeschiedenheit und großes Selbstvertrauen ausdrückt. „Ein abgelegenes Kloster. Ein in Jahrhunderten gepflegtes beharktes Kiesbeet. Ein Täßchen Tee. 130 km/h im 911 Turbo. Momente der Ruhe in einer ansonsten verrückten Welt", lautet der Text einer Anzeige. Oder: „Im Zentrum des Orkans herrscht immer Ruhe. Der 911 Turbo." Balsam für gestresste Manager-Seelen. Von den pragmatischen Kaufargumenten der 1980er-Jahre hat man sich meilenweit entfernt.

Einen wahren Orkan kann man im GT2 mit seinen 462 PS (340 kW) um sich herum entfachen. Im August 2000 wird der straßenzugelassene Renner erstmals in Detroit präsentiert. Der GT2 ist der bislang stärkste Seriensportwagen des Sportwagenbauers und der erste Porsche mit serienmäßigen Keramikbremsscheiben. Insgesamt 963 Exemplare verkauft Porsche, bis im April 2003 die überarbeitete Version GT2 MK2 mit 482 PS (385 kW) auf den Markt kommt. Von ihm werden lediglich noch 95 Einheiten abgesetzt. Speziell für den Rennsporteinsatz werden ab 1999 weitere Modelle angeboten, wie der 911 GT3 Cup, GT3 RS und GT3 RSR. Die GT-Modelle verfügen über den im GT1-Rennwagen bewährten Motorblock, der anders als die Serien-996, noch über Trockensumpfschmierung verfügt.

Ab dem Modelljahr 2002 erhält die 996-Baureihe ein Facelift. Augenfälligstes Merkmal sind die neu gestalteten Bi-Xenon-Scheinwerfer, die auch für die nötige Differenzierung zum Boxster sorgen. Der Motor wird überarbeitet und leistet mit 3,6 Litern Hubraum nun 320 PS (235 kW). Die 996-Familie wäre nicht vollständig ohne den Targa, der ebenfalls im Modelljahr 2002 debütiert und wie sein Vorgänger ein Glasdach besitzt. Eine praktische Neuerung ist die bei geschlossenem Dach aufklappbare Heckscheibe, die das Beladen des Fondraums erheblich erleichtert. Ein Carrera 4S schließt im Modelljahr 2002 die Lücke zwischen dem Carrera 4 und dem Turbo. Typmerkmale sind die breite Karosserie sowie Front-, Heckschürze und Seitenschweller des Turbo, auf die Lüftungsöffnungen in den Kotflügeln und den aufgesetzten Heckspoiler wurde aber verzichtet. Der 4S besitzt denselben Motor wie die Basisversion, darüber hinaus ist er mit einem straffer abgestimmten Fahrwerk und einer vergrößerten Bremsanlage ausgestattet. Eine Besonderheit ist das Leuchtenband zwischen den Rückleuchten, das seit den Zeiten der G-Serie die Heckpartie der 911-Generationen geprägt hat, und von vielen 911-Fans schmerzlich vermisst wurde.

Was noch? Weitere Modellvarianten sorgen für eine bis dahin nicht gekannte Modellvielfalt. Zur Jahrtausendwende erscheint der 911 Carrera 4 „Millennium" in der Sonderfarbe Violettchromaflair. Die 911 Exemplare der limitierten Serie sind ungewöhnlich reichhaltig ausgestattet und betonen Luxus und Komfort. Unter anderem umfassen die Optionen: Volllederausstattung in Zimtbraun, Ahorn-Wurzelholz- und Aluminiumapplikationen im Interieur, Porsche Communication Management (PCM), Sportsitze mit Sitzheizung sowie elektrischer Verstellung, Porsche Stability Management (PSM), Hochglanz-Turbo-Look-Räder der Größe 18 Zoll sowie Litronic-Scheinwerfer.

Der überarbeitete GT3 steht ab März 2003 mit 381 PS (280 kW) zum Verkauf, im Spätsommer desselben Jahres wird der 40. Geburtstag des 911 traditionell mit einem Sondermodell gefeiert. Das auf 1.963 Einheiten limitierte 911 Carrera Coupé „40 Jahre 911" weist mit 345 PS (254 kW) gegenüber dem regulären Carrera eine deutliche Leistungssteigerung auf und wird in einem silbernen Farbton geliefert, der sonst dem Supersportwagen Carrera GT vorbehalten ist. Darüber hinaus ist erstmals seit 1987 wieder ein 911 Turbo als Cabriolet erhältlich, die offene Variante des Carrera 4S wird ebenfalls noch 2003 vorgestellt.

Den krönenden Abschluss der Baureihe 996 stellen 2004 das Turbo S Coupé und das Turbo S Cabriolet dar, die mit 450 PS (331 kW) noch einmal einen deutlichen Leistungsschub gegenüber dem Turbo erhalten. Bei den Turbo-S-Varianten ist die Keramik-Bremsanlage PCCB serienmäßig.

Derweil eilt Porsche Jahr für Jahr mit Riesenschritten zu neuen Umsatz- und Gewinnrekorden, die das Unternehmen in ungeahnte Dimensionen katapultieren. Im neuen Werk Leipzig werden die dritte Baureihe, der Cayenne, und der Carrera GT montiert. Das Stammwerk in Zuffenhausen ist ohnehin voll ausgelastet, sodass ein Teil der Boxster-Produktion zum Fertigungspartner Valmet nach Finnland wandert. Ein absolutes Luxusproblem: Ein Jahrzehnt zuvor musste Porsche selbst Fertigungsaufträge annehmen, um das Werk auszulasten.

Als Ende 2004 mit dem Typ 997 bereits die nächste Generation des 911 vorgestellt wird, kann der 996 eine glänzende Bilanz vorweisen: Im Schnitt entstehen rund 20.600 Exemplare pro Jahr, bis zum Produktionsende der letzten Modellversionen im Jahr 2006 wird Porsche knapp 186.000 Einheiten des Typs 996 verkauft haben.

Der mutige Schritt von der Luft- zur Wasserkühlung, er hat sich nicht nur ausgezahlt, er hat für Porsche den Weg in die Zukunft gewiesen. Auf der Hauptversammlung der Porsche AG am 28. Januar 2005 kann Vorstandschef Wendelin Wiedeking zum elften Mal in Folge neue Rekordwerte bei den Verkäufen (plus 15 Prozent) und beim Umsatz verkünden (plus 6,8 Prozent). Der Gewinn vor Steuern steigt auf mehr als 1,2 Milliarden Euro.

An diesem Tag wird Ferdinand Alexander, genannt „Butzi", Porsche zum Ehrenvorsitzenden des Aufsichtsrats ernannt. Der Mann, der einst den Jahrhundertsportwagen 911 schuf.

Generation 997

2004 — 2012

232

Illustration:
Team Style Porsche

Fotos:
Heiko Simayer

Zitat:
Michael Mauer

997

„Der 997 ist schon fühlbar muskulöser geworden – als ob man den 996 ins Gym geschickt hätte. Alles ist gespannter, das Fahrzeug wirkt bei unverändertem Greenhouse insgesamt prägnanter. Front und Heck sind neu, vor allem vorn ist die Linie deutlich straffer. Der Hauptscheinwerfer ist wieder rund. Passend zu den veränderten inneren Werten ist der Neunelfer als Athlet noch extrovertierter."

Carrera
S GO 9978
D

Was dabei herauskommt, wenn Designer einen 911 ins Gym schicken

Carrera
S GO 9978

Sportsman

Das Elfer-Profil wird frisch geschärft, die traditionelle Sportlichkeit ist zurück. Gefälligkeiten schaden einer Sportwagen-Persönlichkeit nur.

von
Elmar Brümmer

Wir könnten jetzt gleich über den Beginn seiner Arbeit für Porsche sprechen, denn 2004 ist Michael Mauer nach Stationen bei Mercedes und Saab nach Weissach gekommen, aber was die sechste Generation des Elfers angeht, war schon alles im Fluss. In den folgenden Jahren bis hin zu seinem ersten „eigenen" 911 hat er als neuer Verantwortlicher für das Design von Porsche natürlich trotzdem häufig über den 997 gesprochen. Vom Grundkonzept her waren in der Neuinterpretation des Sportwagens auch eine Menge jener Gene in der Karosserie vertreten, die einem Mann entsprechen, der am Steilhang im Zweifelsfall eher die schwarze Piste nimmt. Sportwagendesign kann für Michael Mauer ruhig scharf sein wie bei diesem Modell, und es darf auch ruhig weiter geschärft werden. So versteht er seinen Job, dafür liebt er ihn.

So viel Neunelf war nie in einer Baureihe, der 997 kommt am Ende auf gut 30 Varianten, aber allen ist der neue Körperbau gemein: schlanker als der Vorgänger, auch breiter, vor allem aber mit stärkeren Schultern. Die Dynamik und der kraftvolle Auftritt entsprechen dem neuen Selbstbewusstsein von Porsche, das Unternehmen steuert in eine verheißungsvolle Zukunft. Einen Schritt zurück erlaubt sich das Designteam dennoch – die Klarglas-Scheinwerfer sind wieder rund und sie stehen steiler. Ein Zitat aus der Ära der luftgekühlten Elfer, und der Beweis, dass Herkunft und Zukunft korrespondieren können, vielleicht sogar müssen. Die Proportionen sind gegenüber dem 996 erhalten worden, und dennoch macht der speedgelbe Vertreter der 997-Spezies einen ganz anderen, frischen Eindruck.

Muskeln und Marke wachsen

Die traditionelle Sportlichkeit ist zurück. „Er ist muskulöser geworden", bemerkt Michael Mauer mit zufriedenem Blick, als er aus der Hocke die Schultern des neu gestalteten Hecks betrachtet. Der Elfer hat wieder Hüfte. Erstaunlich, wie allein dieser menschengemachte Kraftzuwachs das Erscheinungsbild des ganzen Sportwagens zu einer ganz neuen Autopersönlichkeit hin verändern kann. „Die Designsprache spricht nicht von ungefähr in menschlichen Analogien", sagt Mauer, „jedes Produkt hat seine eigene Persönlichkeit, und die möchte ein Designer zunächst passend zur Marke gestalten. Dann aber will ich sie weiterentwickeln, und dazu muss ich sie natürlich verändern." Was die sehr weiche Anmutung des 996 angeht, wurde sie beim 997 gestrafft. Jeder kennt das nach dem Besuch eines Fitness-Studios: Gestählte Muskeln möchte man auch zeigen.

Den Elfer durchtrainierter zu präsentieren, das huldigt unverkennbar seinen grundsätzlichen Genen. „Er ist dadurch auch wieder prägnanter", befindet Mauer, „das fängt schon bei den Scheinwerfern an. Das Aussehen des 997 entspricht durchaus seinen inneren Werten. Das Design transportiert diese nach außen und unterstreicht, dass der Neunelfer wieder mehr Sportwagen geworden ist." Nachschärfen, das ist eine Kunst in der Kunst. Gilt es doch, der eigenen Formsprache die Treue zu halten und sie mit entsprechend gezielten Veränderungen fortzuschreiben. Beim Elfer ist die Karosserie weit mehr als bloß eine Hülle. Sie ist immer auch der Ausdruck seiner Persönlichkeit.

Wie ansprechend Design wirken kann, ja wirken muss, braucht man einem Kreativen wie Michael Mauer nicht erst sagen. An der Hochschule in Pforzheim hat er alle Gestaltungs-Theorien gebüffelt, bisweilen war es eine harte Studienzeit für einen, der Autos gestalten musste, aber sich zunächst mit Kaffeemaschinen und Rasenmähern auseinanderzusetzen hatte. Vielleicht hat die erste Abstinenz die spätere Leidenschaft noch gesteigert. Spüren und fühlen, gerade beim Entwerfen und Modellieren, gehören für ihn zwingend zu einem Berufsbild, das er mit einem Augenzwinkern schon mal als „CEO" bezeichnet – Chief Emotion Officer. Wie sehr ihm dabei auch die Ästhetik am Herz liegt, davon zeugt beispielsweise ein Rennrad von Bianchi in seinem Privatbesitz, das er vor allem wegen der Optik gekauft hat.

Entdecke dich immer wieder neu

Persönlichkeit sollte möglichst wenig mit Gefälligkeit zu tun haben, und das bleibt auch bei den turnusmäßigen Veränderungen des 997 so. Bei dem erstmal unter Michael Mauers Regie ausgeführten Facelift bekommt der Elfer veränderte Lufteinlässe und Stoßfänger, das verändert vor allem den Blick aufs Auto. Für den Blick aus dem Sportwagen kommen erstmals Leuchtdioden in die Scheinwerfer, Rückleuchten und Bremslichter. Das sind mehr als bloß Lichteffekte, sondern Zeichen seiner Entwicklung. Bei den Allrad-Versionen gibt eine rote Leiste zwischen den Leuchten am Heck schon einen ersten Ausblick auf die weitere Designzukunft.

Der 997 als direkter Vorgänger seiner künftigen eigenen Elfer-Schöpfungen beschäftigt Michael Mauer natürlich etwas mehr als andere Modelle. Er ist bereit, eine Anatomie-Stunde im Schnelldurchgang zu halten. Verweist auf ausgeprägte Schultern, eine schlanke Taille, und ein klare Pfeilung. Diese Heilige Dreifaltigkeit des Porsche-Designs im Zusammenspiel mit der unverkennbaren Flyline über das schräge Heck hinweg verleihe dem Elfer seine bewusst starke Körperlichkeit, die mit dem 997 seinen Anfang nimmt. Die Prägnanz des Modells spricht einem der wichtigsten Mauer'schen Grundprinzipien aus dem Herzen: „Design ist die Klarheit der Positionierung und die darin liegende Kraft, sich immer wieder neu entdecken zu dürfen." Das hält nicht nur die eigene Kreativität frisch und den Enthusiasmus hoch, sondern auch die Begehrlichkeit unter den Porsche-Fahrern. Konkret bezogen auf den Elfer lautet die Übersetzung des passionierten und bekennenden Kurvenfahrers Mauer: „Ein Porsche ist immer auch ein Auto fürs Direkte."

Auch Chef-Designer haben einen persönlichen Geschmack. Frage an Micheal Mauer: Müssen Sie Ihren manchmal zurücknehmen? Pragmatisch-ehrliche Antwort des Elfer-Hüters: „Wir Designer schaffen Autos für Kunden, und nicht für Designer. Jeder hat Vorlieben, aber man muss sich ständig fragen: Ist es auch für den Kunden das Richtige? Das ist wieder eine Frage der Balance, und deshalb pflegen wir im Team eine sehr intensive Auseinandersetzung. Man darf sich keine Arroganz leisten und behaupten, nur man selbst wisse, was gutes Design ist."

PORSCHE
Carrera

Ruhig mal schräg von der Seite angucken, die klare Aussage bleibt

S GO 9978

Generation 997 – Der 911 im 21. Jahrhundert

Die Neu-Positionierung des Vorgängers setzt die sechste Generation des 911 fort. Die Erfolgsserie des 911 verläuft parallel zum Aufstieg des Unternehmens zum Global Player.

von
Thomas Ammann

Foto:
Unternehmensarchiv der Dr. Ing. h.c. F. Porsche AG

Es sind nur wenige Bauteile, die Porsche beim Nachfolger des Typs 996 unverändert lässt, darunter der Motorblock mit Kurbeltrieb, das Dachpanel und die Rücksitzanlage. Rund 80 Prozent der Teile sind beim Typ 997 in bewährter Porsche-Manier neu, auch wenn man vieles davon nicht auf Anhieb registriert. Am augenfälligsten sind die neuen Frontscheinwerfer und Heckleuchten. Die ovalen Xenon-Hauptscheinwerfer ähneln in Form und Anordnung denen der letzten luftgekühlten Baureihe, des Typs 993. Blinker, Nebel- und Positionsleuchten erinnern an frühere luftgekühlten Elfer-Generationen. Nicht ganz nebenbei setzt sich der 997 damit stilistisch vom Boxster ab, dessen zweite Generation 987 zeitgleich mit der sechsten 911-Generation präsentiert wird. Back to the roots lautet die Parole, allerdings nur bezüglich der Leuchteinheiten. Die Abmessungen der Karosserie und das nur geringfügig gestiegene Leergewicht entsprechen beim 997 den Werten des Vorgängers. Das erfolgreiche Konzept eines schnellen Reisewagens erlebt in der ersten 911-Generation des 21. Jahrhunderts seine Fortsetzung. Abermals bewegt sich dieser Elfer als leistungsstarker Gran Turismo souverän an der Schnittstelle zwischen gesteigertem Komfort- und Raumgefühl und seiner über alle Zweifel erhabenen Performance. Coupé, Cabrio, Targa und Turbo sowie GT-Modelle scheinen beim 997 gesetzt. Ein wohldosierter Modellreigen über den gesamten Lebenszyklus belebt das Interesse am 911 immer wieder neu und hält den Dauerbrenner für die anspruchsvolle Kundschaft immer frisch. Inklusive der Sondermodelle wird die 997-Familie zum Ende der Produktionszeit 24 Modellvarianten umfassen.

Für das erste Modelljahr 2005 stehen anfangs nur das Carrera Coupé mit 3,6-Liter-Boxermotor und 325 PS (239 kW) sowie das Carrera S Coupé mit einem 3,8-Liter-Motor mit 355 PS (261 kW) Leistung zur Verfügung. Erstmals seit den 2,7- und 3,0-Liter-Modellen von 1977 bietet Porsche zwei Saugmotorversionen parallel an. Die beiden Cabriolet-Versionen werden einige Monate nach den Coupés im Januar 2005 auf der Detroit Motor Show vorgestellt. Das Cabriolet mit seinem komfortablen Verdeckmechanismus wird auf Anhieb zum Erfolg. Zwei ausfahrbare Überrollbügel hinter den Fondsitzen dienen dem zusätzlichen Schutz der Passagiere. Rund 40 Prozent beträgt der Marktanteil des offenen Elfers schon im ersten Jahr, wobei die Hälfte aller ausgelieferten Exemplare nach Nordamerika geht. Im Herbst 2005 ergänzen die Typen Carrera 4 und Carrera 4S die zweiradgetriebenen Modelle. Sämtliche allradgetriebenen Versionen bekommen eine um 44 Millimeter verbreiterte Heckpartie als Unterscheidungsmerkmal spendiert.

Basis-Carrera und S-Modelle erhalten serienmäßig ein neuentwickeltes Sechsgang-Getriebe; alternativ ist die modifizierte Automatikschaltung Tiptronic-S erhältlich. Die S-Versionen verfügen serienmäßig zusätzlich über ein tiefergelegtes Fahrwerk, eine Doppelauspuffanlage und 19 Zoll große Leichtmetallräder sowie über das Porsche Active Suspension Management (PASM). Letzteres ist gegen Aufpreis auch in der Basisversion erhältlich. Damit ist der 997 das erste Fahrzeug der Marke mit einem elektronisch geregelten System für Federn und Dämpfer. Europäische Kunden des 997 Coupés können zudem ein Sport-Fahrwerk bestellen, das um 20 Millimeter tiefergelegt ist und eine mechanische Differenzialsperre beinhaltet. Ein klares Signal an alle eher sportlich orientierten Kunden, dass der 911 für sie nach wie vor erste Wahl ist.

Das neue 911 Turbo Coupé erlebt im Februar 2006 auf dem Genfer Automobilsalon seine Weltpremiere. Mit seinen 480 PS (353 kW) bietet der Supersportwagen noch einmal einen deutlichen Leistungssprung gegenüber dem Vorgänger. Dafür sorgt nicht allein der neue Motor, sondern die beiden überarbeiteten Abgasturbolader mit variabler Turbinengeometrie (VTG). Damit verbessert sich das Drehmoment und das Ansprechverhalten bei niedrigen Drehzahlen deutlich. Das „Turboloch" der ersten Generation ist endgültig Geschichte. Parallel ist auf dem Messestand in Genf der neue 911 GT3 zu bewundern, dessen 3,6-Liter-Motor 415 PS (305 kW) leistet und eine atemberaubende Spitzengeschwindigkeit von 311 km/h ermöglicht. Mit einer spezifischen Literleistung von 115,3 PS (85 kW) setzt er in dieser Hubraumklasse einen neuen Spitzenwert für straßenzugelassene Seriensportwagen mit Saugmotoren. Rennversionen wie der 911 GT3 Cup, der 911 GT3 RS und der GT3 RSR folgen in den kommenden Monaten.

Porsche verliert dennoch die anderen Baureihen nicht aus dem Blick. Im Gegenteil: Die Modellvarianten sprießen förmlich aus dem Boden. Der offene Boxster S, Typ 987, erhält mit dem zweisitzigen Cayman S ein geschlossenes Pendant mit Fließheck und großer Klappe. Der Cayenne ist äußerst erfolgreich und begründet als betont sportliches SUV ein neues Fahrzeugsegment. Bei dem großen Viertürer können die Kunden inzwischen unter mehreren Motorisierungsvarianten wählen,

Neue Rundungen – die Form der Scheinwerfer orientiert sich wieder am historischen Vorbild. Der Blick ist dagegen streng in die Zukunft gerichtet, denn mit dem 997 beschreitet Porsche den Weg ins neue Jahrtausend. Zu den technischen Highlights gehören Benzin-Direkteinspritzung und Doppelkupplungsgetriebe, der Variantenreichtum erreicht ungeahnte Dimensionen.

wobei der Cayenne Turbo S mit seinem 521 PS (383 kW) starken V8-Motor die Spitze darstellt. Die zweite Generation des Cayenne lässt nicht mehr lange auf sich warten.

Porsche auf Expansionskurs – im Mai 2006 beschließt der Vorstand, eine vierte Baureihe im Werk Leipzig zu produzieren. Nach mehreren abgebrochenen Versuchen in der Vergangenheit soll mit dem Panamera nun erstmals ein viertüriger Gran Turismo mit vier vollwertigen Sitzen und allen Porsche-typischen Charaktereigenschaften in Serie gehen. Das Unternehmen verfügt nach immer neuen Absatzrekorden inzwischen über die personellen, technischen und finanziellen Ressourcen, um diese völlig neue Baureihe zu entwickeln.

Auf der Bilanzpressekonferenz für das Jahr 2005/2006 kann der Porsche-Vorstand wieder neue Rekorde 255
verkünden. Sie führen den Übernahmekandidaten der 1990er-Jahre in ungeahnte Dimensionen: Das Konzernergebnis vor Steuern wächst gegenüber dem Vorjahr um rund 70 Prozent auf 2,110 Milliarden Euro, wobei auch ausgeklügelte Finanztransaktionen zu diesen Fabelzahlen beitragen. Weithin sichtbares Zeichen dieser anhaltenden Rekordfahrt soll das neue Porsche Museum in direkter Nachbarschaft zum Stammwerk sein, dessen Rohbau um den Jahreswechsel 2006/2007 weitgehend fertiggestellt ist. In der zweiten Jahreshälfte 2008 empfängt das futuristische Gebäude mit 24.000 Quadratmetern Fläche die ersten Besucher. Es wird zu einem Publikumsmagnet für Porsche-Liebhaber aus aller Welt.

Gleich zwei neue Varianten der sechsten Elfer-Generation präsentiert Porsche im November 2006 mit dem Targa 4 und dem Targa 4S. Das große Glasdach und die zu öffnende

Heckscheibe sind formal schon aus dem Vorgänger bekannt. Als Neuerung verfügt das Schiebedach nun über einen Ultraviolettfilter, um die Passagiere vor Sonneneinstrahlung zu schützen. Die Targa-Derivate sind ausschließlich mit Allradantrieb verfügbar – ein Ergebnis ausgiebiger Marktanalysen. „Ingenieure und Marketing-Experten hatten gleichzeitig erkannt, dass ein Targa im Ganzjahreseinsatz bewegt würde, also auch auf Eis und Schnee, was den Allradantrieb nochmals sinnvoller machte“, schreibt 911-Chronist Randy Leffingwell. Die Feinjustierung gerade der Nischenmodelle unter den Elfern ist wichtig, um die Kundenwünsche genau zu treffen.

Ein neues Turbo Cabriolet fehlt noch, ebenso wie ein neuer 911 GT2. Beides wird den Besuchern im Herbst 2007 auf der IAA in Frankfurt präsentiert. Dem turbogeladenen GT2 gebührt mit 530 PS (390 kW) wieder einmal der Rang des stärksten Serien-911 aller Zeiten, im Gegensatz zum Turbo besitzt er aber keinen Allrad- sondern einen Heckantrieb. In den USA zeigt Porsche den GT2 im November 2007 auf der Los Angeles Auto Show und stellt ihn mit den Worten vor, er sei gedacht „für Fahrer, die Exklusivität, gepaart mit rennstreckentauglichen Fahreigenschaften und Fahrleistungen“ suchten. Dass sie dabei mit einem Bose-Surround-Sound-Audio-System mit 13 Lautsprechern und insgesamt 325 Watt Leistung ihren Lieblingssongs lauschen können, wirkt ein wenig skurril. Das neu eingeführte Sport-Chrono-Plus-Paket wiederum liefert den gewünschten Vorwärtsdrang. „Alle GT2-Fahrer sollten in der Lage sein, die angegebenen Beschleunigungswerte regelmäßig zu erreichen aufgrund des Porsche Launch Assistenten“, wirbt Porsche. „Er sorgt für optimale Beschleunigung dank richtiger Drehzahl und passendem Ladedruck.“

Etwas zivilisierter geht es im Turbo Cabriolet zu, das zum Inbegriff des luxuriösen Sportwagens mit überlegenen Fahrleistungen wird und bei Bedarf noch zwei passable Notsitze offeriert. Das offene Spitzenmodell wird gern mit einer langen Optionsliste geordert. Wer Wert auf noch mehr Individualität bei der Farbwahl oder dem Interieur legt, ist bei Porsche Exclusive (heute: Porsche Exclusive Manufaktur) an der besten Adresse. Porsche macht sich hier sehr früh den Trend zur Individualisierung im Highend-Fahrzeugbereich zu eigen.

Zum Modelljahr 2009 führt Porsche mit der Modellpflege des 997 zwei entscheidende Veränderungen ein. Zum einen werden die Motoren grundlegend überarbeitet: mit neuen, zweiteiligen Kurbelwellen, überarbeitetem Einlass- und Auslasssystem sowie einem neuen Direkt-Einspritzungssystem. Das bringt einen erheblichen Leistungsschub: 345 PS (254 kW) beim Carrera und 385 PS (283 kW) beim Carrera S. Und zum anderen wird die Tiptronic-S durch ein siebenstufiges Doppelkupplungsgetriebe (PDK) ersetzt, das die Gänge ohne Zugkraftunterbrechung wechselt. Im Rennsport hat sich dieses Prinzip schon seit längerem bewährt. Äußerlich ist die modellgepflegte Variante an leicht veränderten Blinkleuchten, LED-Tagfahrlicht vorn und LED-Heckleuchten zu erkennen. Die allradgetriebenen Carrera-und Targa-Modelle ziert nun wieder ein Leuchtenband zwischen den Heckleuchten.

Ein Leistungsschub ist ebenfalls bei zwei weiteren Modellen zu verzeichnen. Der Turbo S mit 530 PS (390 kW) ergänzt im Jahr 2010 als Coupé und Cabrio die Palette der aufgeladenen Varianten; mit dem Carrera GTS wird die 911-Modellreihe um eine neue Variante erweitert, nachdem bereits 2007 beim Cayenne eine sportliche GTS-Variante vorgestellt wurde. Der 911 Carrera GTS wird mit einer im Heck verbreiterten Karosserie als Coupé und Cabriolet und mit einer auf 408 PS (300 kW) gesteigerten Leistung angeboten. Das Kürzel erinnert an den legendären Rennsportwagen 904 Carrera GTS, der Mitte der 1960er-Jahre mit Werks- und Privatteams große Erfolge feierte. Das stromlinienförmige Design des 904 stammt vom 911-Schöpfer Ferdinand Alexander Porsche. Die betont sportlich ausgelegten GTS-Modelle erweisen sich als so erfolgreich, dass sie nach und nach in fast allen Porsche-Baureihen angeboten werden.

Ein auf 250 Exemplare limitiertes Sondermodell elektrisiert Ende des 2009 die weltweite Porsche-Community. Der 911 Sport Classic ist unmittelbar nach seiner Präsentation ausverkauft. Zu den markantesten Merkmalen gehören der feststehende „Entenbürzel" im Stil des Carrera RS 2.7 von 1973, das Doppelkuppel-Dach als Reminiszenz an die frühe Porsche-Renngeschichte und die Fuchsfelgen im klassischen Stil. Das ausschließlich im Farbton Sport Classic Grau und mit Sechsgang-Schaltgetriebe lieferbare Coupé erhält die hinten verbreiterte Karosserie des GTS und verfügt wie dieser über 408 PS (300 kW) Leistung. Modernste Technik ist beim Klassiker mit an Bord: PASM-Sportfahrwerk, Keramik-Bremsanlage (PCCB) und das Sport Chrono Paket Plus. Einziger Wermutstropfen für seine Fans in den USA: Er kann mangels Typzulassung dort nicht angeboten werden.

Als mindestens ebenso begehrt wie der Sport Classic erweist sich eine andere zeitgemäße Interpretation eines Klassikers: Ende 2010 debütiert der 911 Speedster auf dem Pariser Autosalon. Die Sonderserie ist auf 356 Exemplare limitiert – eine Verbeugung vor dem Urahn 356 Speedster, der von 1954 bis 1958 in Serie produziert wurde. Nach G-Serie- und 964-Speedster wurde die Tradition beim Typ 996 unterbrochen. Nun ist er wieder da: Mit kleiner Frontscheibe, flachem Stoffdach und Doppelhutze statt Fondsitzen. Er besitzt die breite Karosserie der Allradversionen, eine mechanische Differenzialsperre an der Hinterachse, ist auf 408 PS (300 kW) leistungsgesteigert und steht auf Fuchsfelgen mit schwarz lackierten Radsternen. Der Speedster ist ausschließlich mit Doppelkupplungsgetriebe lieferbar.

Rund 218.400 Exemplare der sechsten Elfer-Generation werden insgesamt verkauft – mehr als von jeder anderen 911-Baureihe zuvor. Den reichhaltigen Modellreigen beschließt 2011 der 911 GT3 RS 4.0 als Spitzenmodell der 997-Baureihe. Das auf 600 Exemplare limitierte Coupé wird mit 500 PS (368 kW) zum bis dahin stärksten 911 mit Saugmotor. Trotz rennsporttauglicher Ausstattung ist er für den Straßenverkehr zugelassen. Seine Bewährungsprobe besteht er auf der Nordschleife des Nürburgrings: Die 20,83 Kilometer lange Runde absolviert er in nur 7:27 Minuten, wie das Unternehmen vermeldet. Das Fachmagazin *sport auto* gerät 2013 nach Testfahrten auf dem „Ring" und in Hockenheim ins Schwärmen: „Dass die verbesserten fahrdynamischen Talente nicht auf Kosten der Alltagstauglichkeit des Porsche 911 GT3 RS 4.0 gehen, sondern im Gegenteil leichte Verbesserungen spürbar sind, darf als kleines technisches Wunder angesehen werden." Fazit des Testers Horst von Saurma: „Gegen diesen Überzeugungstäter ist absolut kein Kraut gewachsen."

Die Modelle, die Tradition, die Rekorde – und die Porsche-Familie: Sie sind die Grundlagen für den Mythos Porsche. Einen Mythos, von dem Wolfgang Porsche, Aufsichtsratsvorsitzender der Porsche AG und der Porsche Automobil Holding SE am 23. Juli 2009 in einem historischen Moment versichert: „Der Mythos Porsche lebt und wird nie untergehen." Es ist der Tag, an dem nach bewegten Wochen und Monaten im Unternehmen offenbar geworden ist, dass Porsche ein Teil des Volkswagen-Konzerns wird.

Der nächste 911, so viel ist an diesem Tag schon klar, muss wieder ein echter 911 werden.

Generation 991

Illustration:
Team Style Porsche

Fotos:
Heiko Simayer

Zitat:
Michael Mauer

991

„Der 991 ist mein erster Neun-elfer. Wir haben das Verhältnis Breite zu Höhe optimiert, aber breiter ist er deshalb nicht. Nur straffer. Er zeigt, dass seine Muskeln unter der Haut liegen. Der Auftritt ist energi-scher. Das Dach ist flacher, eine Kraftlinie zieht sich an den Seiten entlang. Die neue Hüfte steht für eine neue Stärke, die Linie ums Heck unterstreicht seinen Charakter."

PORSCHE
S GO 547

Das gekonnte Spiel mit den Proportionen

Tribute to 911 Nr. 57

Sichtbar gemacht

Der Elfer zeigt Muskeln und neues Selbstbewusstsein. Eine neue, klare Handschrift wird erkennbar. Von vorn bis hinten.

von
Elmar Brümmer

Von nun an sprechen wir mit Michael Mauer über die Arbeit von Michael Mauer am Neunelfer. Der Designchef ist dazu kritisch und selbstkritisch genug. Voilà, sein erster Porsche 911. Das dazu passende Modell im Studio trägt die Farbe signalrot, das kann doch kein Zufall sein. Dem Fotografen hat er im Stenogramm aufgeschrieben, worauf es ihm ankommt bei dieser Schöpfung: „Grundcharakteristik weiter gestrafft, zum Beispiel Grundrisszug vorn – schmale Heckleuchten in dreidimensionaler Ausprägung – Neuinterpretation der Fuchsfelge." Fertig? Moment! Da braucht es schon ein bisschen mehr Fülle.

Während sich Mauers Elfer-Debütant im frisch polierten Boden glänzend spiegelt, sitzt sein geistiger Vater bequem in einem Sessel im Eck und erzählt darüber, wie er an den ersten komplett von ihm verantworteten 911 herangegangen ist. Er war da schon sieben Jahre bei Porsche, das entspricht einem Baureihenzyklus. Mauer gesteht: „Ich war froh, dass mein erstes Projekt nicht gleich der Nachfolger eines 911 war. So konnte ich verstehen, was ein Porsche ist, und hatte dann schon ein Standing. Die schmalen Heckleuchten hätte ich zwei Jahre vorher wohl nicht durchbekommen. Beim Elfer hast du nicht wie sonst zehn Leute, die mitreden, sondern gleich hundert, vielleicht auch tausend." Er teilt damit das Schicksal aller Fußball-Bundestrainer.

Zuerst wird der Prozess gemacht

Im Rückblick geht Michael Mauer noch mal ins Grundsätzliche, spricht über die Bürde und wie man damit klarkommt, wenn einem die ganze Firma auf die Finger zu gucken scheint: „Ich habe erst einmal so getan, als ob der neue 911 ein Projekt ist wie jedes andere. Ganz schnöde ausgedrückt, einfach ein Nachfolgemodell. Das muss man sich einhämmern, denn dann kommt es zu einem sauberen Prozess, wie er vorgesehen ist. In den fügen sich dann alle Gedanken. In der frühen Phase denken wir die Proportionen, vor allem die Technik gibt beim Neunelfer viel vor. Weil es so ein fahraktives Auto ist, braucht es breitere Reifen, größere Bremsen, Abgasanlage ... Dann geht es rein in die eigentliche Gestaltung."

Michael Mauer macht eine kurze Sprechpause, checkt seine Gedanken und gibt ehrlich zu, dass von nun an mit den Gedankenabweichungen gekämpft wird: „Beim Gestalten passiert es natürlich schon, dass du dich ein bisschen öfter fragst: Wie weit gehe ich jetzt in diesem und jenem Bereich, müssten wir nicht mal weiter gehen?" Wieder eine kurze Pause, diesmal nur zur Betonung: „Ich bin einer, der weitergeht." Das Grundprinzip von der Wiedererkennung, aber auch der Erkenntnis, dass es sich um einen neuen Elfer handelt. Es ist der Standardsatz für die Kür des Porsche-Designs. Das erklärt sich durch den Ikonenstatus des Sportwagens: „Denn es geht nicht bloß darum, ob das Auto schön ist oder nicht schön, sondern immer auch: ist es noch ein Elfer?"

Der Blick geht hinüber zum signalroten 991, die Augen vermessen, ob die Proportionen auch von weitem so wirken wie gedacht. Mauer erinnert sich noch gut daran, wie sie sich damals der optimalen Form genähert haben – mit einem Computerprogramm, das gezielte Verzerrungen von Bildern ermöglicht, wurden die Proportionen des 997 sukzessive verändert. Morphen nennt sich diese Technik, die den fließenden Übergang simuliert. Schon da bilden sich drei Grundsäulen für den 991 heraus: „Das Auto bekam größere Räder, es wurde ein wenig flacher und hat eine breitere Spur bekommen." In Relation gesetzt, erscheint auf den Bildschirmen und in den Köpfen eine weit straffere Variante des Elfers. Beim Weiterrechnen, Weiterdenken und Weiterzeichnen erkannten Mauer und sein Team schnell: „Den Proportionen würde ein längerer Radstand gut tun." Es geht dabei um stattliche zehn Zentimeter. Die erste Phase der Gestaltung ist eine ganz entscheidende: „Wenn man diese nicht in den Griff bekommt, ist beim Styling später nichts mehr zu retten." Das Maß der Dinge.

Charakteristik kommt von Charakter

In der Folge werden Schritt für Schritt die anderen Elfer-Charakteristika angepasst, so ist die Dachlinie niedriger geworden, bilden sich die Kraftlinien auf der Karosserie anders und stärker aus. Auf alles wird aber auch die imaginäre Schablone der Produkt- und Markenidentität gelegt, entscheidende Parameter sind Scheinwerfer und Heckleuchten, die Geometrie des Heckfensters und die Frontansicht des Elfers. Da ist er wieder, der Dreisatz: Die Proportionen sorgen für die visuelle Botschaft, das Styling gibt Identität, die Details sorgen für die Präzision." Erst, wenn alles stimmig aufeinander ausgerichtet ist, bekommt das neue 911 Design das interne Prüfsiegel. So viel Spaß, wie der Sportwagen auf der Straße bringen soll, so viel Ernst begleitet ihn deshalb während seiner Vorgeschichte in den Studios von Style Porsche.

Die Wichtigkeit von Sportwagen und Design wird in offiziellen Statements des Hauses so unterstrichen: „Auch für alle weiteren Baureihen der Marke ist der 911 die zentrale Referenz. Jeder Porsche, egal ob Boxster, Cayenne oder Panamera, ist in seinem jeweiligen Marktsegment das sportlichste Auto, und zugleich steckt in jedem Porsche ein Stück 911." Langsam wird plastisch, wie stark der Druck auf die Designer ist, und warum sie es gerade bei diesem Typen so leicht zu nehmen versuchen. Mauers Reaktion: „Wir haben den visuellen Eindruck des Fahrzeugs mit dem 991 dramatisch verändert."

Bei Spurbreite und Fahrzeuglänge zuzulegen allein reicht noch nicht, um den betont sportlicheren Charakter zu erzielen. Die flacher verlaufende Windschutzscheibe erzielt im Zusammenspiel große Wirkung, die Heckpartie bekommt mehr Volumen, Michael Mauer und sein Team agieren dabei wie Personal Trainer – sie kümmern sich um Problembereiche oder akzentuieren das schon stark vorhandene automobile Muskelmaterial. Die Lichter spielen wie immer eine besondere Rolle, auch sie haben bei Porsche traditionell ausdrucksstark zu sein. Beim 991 verlaufen sie konvex, und scheinen förmlich aus den gewölbten Radhäusern zu fließen. So gehen sie ansatzlos in die Karosserie des Vorderwagens über.

Wenn es um die Entwürfe geht, die Michael Mauer zu verantworten hat, spricht er meist von „wir", ein internationales Team in dreistelliger Größe, gemischt vom Alter und der Erfahrung her, längst handelt es sich dabei nicht nur um Stylisten. Kreative Könner aus allen möglichen artverwandten Berufen sind gefragt. Gerade im Interieur verändert sich viel. Klar aber auch, dass vom Designchef eine klare Handschrift erwartet wird: „Das Bild des Chefdesigners hat sich gewandelt. Natürlich entspricht das fertige Auto letztendlich meiner Sicht der Dinge. Geprägt durch mein Verhalten, meine Beurteilung von Entwürfen, meine Empfehlungen an den Vorstand. Aber ich versuche immer, diese Sicht der Dinge auf eine etwas größere Basis zu stellen. Dazu gehört, dass ich in den frühen Phasen offen für alles bin, das Team bewusst animiere, in unterschiedlichste Richtungen zu denken. Irgendwann braucht es dann einen Trichter, um sehr schnell und sehr effizient zu einem tragfähigen Entwurf zu kommen." Darin sind sie im Designstudio erprobt, es gilt bei Porsche nicht umsonst als think tank, in dem die Zukunft des Sportwagens entschieden wird. Auch diesen verantwortungsvollen Teil seines Jobs geht Mauer mit der ihm eigenen Weitsicht an: „Wir müssen das richtige Maß finden und dürfen die Verbindung zur Historie nicht abreißen lassen. Der Neunelfer ist dafür das beste Beispiel."

Das Verhältnis Breite zu Höhe

Dem Porsche 911 insgesamt bescheinigt Michael Mauer einen „blitzsauberen" Lebenslauf, und als er den 991 anging, wurde ihm auch in der Praxis bewusst, was es heißt, ein perfektes Auto noch besser zu machen. Er begeistert sich auch gut ein Jahrzehnt später noch für seinen Elfer-Erstling, und kann Vorzüge und Veränderungen beinahe ohne Atempause aneinanderreihen: „Wir haben das Verhältnis Breite zu Höhe optimiert, vorn die Spur verbreitert, ohne dass das Auto breiter geworden ist, die Lufteinlässe unterstreichen das. Der 991 ist flacher, er saugt sich optisch mehr auf die Straße. Den klassischen Kotflügel lassen wir durch einen Schnitt prägnanter erscheinen, oder wie wir sagen: sehniger. Wir wollen zeigen, dass die Muskeln direkt unter der Haut liegen. Die Scheinwerfer sind flacher und nach außen gerückt, das ergibt eine höhere Dynamik. Das Dach besitzt eine flachere Präzisionskante, das zieht es Porsche-typisch zusammen. In der Seitenansicht haben wir einen viel energischeren Auftritt. Eine neue Konturlinie zieht sich von hinten nach vorn durch, sie treibt das Auto. Die ausgeprägten Schultern visualisieren die Kraft des Autos, die neue Hüfte steht für eine neue Stärke. Hinten umrundet eine Charakterlinie das Heck, das sorgt für einen satten, aber auch gestrafften Auftritt. Für mich ist der Neunelfer mit dem 991 noch knackiger geworden, obwohl er seine traditionelle Form gehalten hat."

Some stories stay with us forever.

S GO 547

Innenleben eines Designs, das verträgt fast ein eigenes Buch

PORS

Ein wichtiges Relief in der Sportwagen-Topografie

Generation 991 – Aufbruch in die Zukunft

Die Generation 991 bricht mit Tabus und legt zum 70. Jubiläum von Porsche den Grundstein für die Zukunft des 911. Es scheint, als sei er für ein ewiges Leben bestimmt.

von
Thomas Ammann

Foto:
Rafael Kroetz

So viel Aufbruch war selten – mit der Baureihe 991 wagt Porsche den größten technischen Sprung in der Geschichte des 911. Über die Jahrzehnte hinweg brachte der Elfer mit jeder Generation mehr Gewicht auf die Waage. Das ändert sich nun. Erstmals entsteht seine Karosserie in einer intelligenten Hybridbauweise, was einen erheblichen Gewichtsvorteil mit sich bringt. Der Vorderwagen und große Teile des Bodens sowie des Hinterwagens bestehen aus Aluminium. Ebenso Deckel, Kotflügel und Türrohbau. Die Stahlbauteile werden in deutlich verstärktem Anteil aus höchstfesten und ultrahochfesten Materialien gefertigt. Bei erhöhter Steifigkeit ist die Rohkarosserie damit 80 Kilogramm leichter als beim Vorgängermodell 997. Das Leergewicht liegt immerhin noch um 40 Kilogramm unter dem eines vergleichbaren Vorgängermodells. Und das trotz der Gewichtszunahme, die der verlängerte Radstand, die erhöhten Sicherheitsanforderungen und das aufgewertete Gesamtpackage nahegelegt hätte. Ein komplett neues Fahrwerk mit um 100 Millimeter verlängertem Radstand, größerer Spurbreite und mächtigeren Reifen sorgt für ein noch sportlicheres und komfortableres Fahrgefühl. Ein glattflächiger, vollständig verkleideter Unterboden verhilft dem 991 zu weiter verbesserten aerodynamischen Qualitäten. Porsche ist stolz darauf, dass diese siebte Elfer-Generation die Messlatte an Performance und Effizienz wieder einmal höher legt.

Der neue 911 folgt dem Prinzip, das Porsche „Intelligent Performance" nennt. Das bedeutet konsequentes Engagement für bessere Technologien. Lösungen, die mehr Effizienz bei geringerem Kraftstoffverbrauch bieten. Es sei „die Quintessenz aus 60 Jahren Sportwagenbau", erklärt das Unternehmen, und zugleich „eine Verpflichtung für die Zukunft". Als Beispiele dafür nennt Porsche „die intelligente Interpretation des Hybridprinzips" bei einigen Varianten der Baureihen Panamera und Cayenne. „Zum einen der parallele Vollhybridantrieb – für weniger Kraftstoffverbrauch auf der Straße. Und zum anderen der Vorderachshybrid mit Schwungradspeicher im neuen 911 GT3 R Hybrid – für mehr Leistung auf der Rennstrecke."
Mit dem Hybrid-Renner auf Basis des 997 demonstriert Porsche die Effizienzvorteile und die Leistungsfähigkeit des Hybrid-Prinzips. Ein Serieneinsatz der Hybridtechnik ist beim 911 noch Zukunftsmusik, jedenfalls ist er auch in der siebten Generation nicht vorgesehen.

Beim Typ 991 drückt sich Porsche Intelligent Performance unter anderem in der Hubraumverkleinerung auf 3,4 Liter bei gleichzeitig leicht auf 350 PS (257 kW) erhöhter Leistung für das Carrera-Grundmodell aus. Die Coupé-Version debütiert im September 2011 zeitgleich mit dem 911 Carrera S, dessen 3,8-Liter-Boxermotor mit 400 PS (292 kW) noch einmal in neue Leistungsdimensionen vordringt. Dennoch soll er laut Werksangaben einen Kraftstoffverbrauch kombiniert von nur 8,7 Litern auf 100 Kilometer (mit PDK) erreichen. Serienmäßig verfügt die S-Variante über 20-Zoll-Räder, die bei Rollwiderstand, Handling, Abrollkomfort und Bremsweg große Vorteile bringen sollen. Beim 991 kommt weltweit erstmals ein Siebengang-Schaltgetriebe zum Einsatz, wenn nicht die PDK-Option gewählt wird. Der siebte Gang dient mit langer Übersetzung durch verringerte Drehzahlen dem Spritsparen.

Die Carrera und Carrera S Cabriolets der 991-Baureihe werden, der schon gewohnten Choreografie der Modelleinführungen folgend, im Frühjahr 2012 präsentiert. Auch die Verdeckmechanik der Cabriolets orientiert sich am Leichtbauprinzip und besteht nun fast vollständig aus Aluminium und Magnesium. Wichtig ist den Designern, dass das geschlossene Verdeck in der Seitenansicht der Dachlinie des Coupés entspricht. Damit die Familienähnlichkeit gewahrt bleibt und die Silhouette als eines der 911-Markenzeichen auch beim Cabriolet betont wird. Das elektrisch betätigte Windschott wurde ebenfalls neu konstruiert und erstmals fest in den Fondbereich integriert. Man sieht: Komfort erhält auch beim Inbegriff des Sportwagens einen neuen Stellenwert.

Ab Juli 2012 werden außer den heckangetriebenen Versionen auch die allradgetriebenen Carrera 4 und Carrera 4S als Coupé und Cabriolet angeboten. Ihre Erkennungszeichen sind wieder die im Hinterachsbereich um 44 Millimeter verbreiterte Karosserie und das durchgehende Leuchtenband zwischen den Heckleuchten. Die 4er-Modelle sind mit dem Porsche Traction Mangement (PTM) der jüngsten Generation ausgestattet. Laut Hersteller verteilt es die Antriebsmomente aktiv und extrem schnell zwischen Hinter- und Vorderachse. Durch die permanente Überwachung des Fahrzustands kann das PTM aktiv auf unterschiedliche Fahrsituationen voreingestellt werden: Sensoren kontrollieren beispielsweise kontinuierlich die Drehzahlen aller vier Räder, die Längs- und Querbeschleunigung des Fahrzeugs sowie den Lenkwinkel. Ein wesentlicher Vorteil dieses elektronisch geregelten Allradsystems ist, dass es im Zusammenwirken mit allen fahrdynamisch

Spotlight auf den Jubilar – mit der Baureihe 991 feiert der 911 seinen 50. Geburtstag. Von außen wirkt er frisch wie nie, seine inneren Werte sind über jede Kritik erhaben. Die Fans fürchten mit dem Ende der Saugmotor-Ära zwar um den Boxer-Sound, aber die Sorge erweist sich als unbegründet. Nach fünfzig Jahren weiß Porsche genau, was bei der Entwicklung eines neuen Elfers zählt.

relevanten Assistenzsystemen zusammenarbeitet, so etwa mit dem Porsche Stability Management, das über die Funktionen Schlupfregelung (ASR) und automatisches Bremsendifferenzial (ABD) die Kraftverteilung auf alle vier Räder noch individueller regelt.

2013 wird zum Jubiläumsjahr: Es nähert sich der 50. Geburtstag des 911, dessen Urahn 1963 auf der Frankfurter Messe erstmals der Weltöffentlichkeit präsentiert wurde. Kein Automodell hat in diesem halben Jahrhundert so viel Kontinuität in seiner Modellgeschichte bewiesen – und gleichzeitig so viel Veränderung. Die Ansprüche an den „Fixstern für das gesamte Markenuniversum" (Porsche Style-Chef Michael Mauer) sind hoch – so hoch, dass sich Designer und Ingenieure immer wieder selbst zu Topleistungen antreiben. So erhält beispielsweise der im Jubiläumsjahr vorgestellte neue GT3 Typ 991 eine aktive Hinterachslenkung, die Agilität und Stabilität nochmals deutlich verbessert. Das wäre vor 50 Jahren allenfalls ein kühner Wunschtraum gewesen. Mit 475 PS (350 kW) aus 3,8 Litern Hubraum kann er seine dynamische Überlegenheit voll ausspielen.

Mit Hinterachslenkung, Allradantrieb und einer adaptiven Aerodynamik dokumentiert 2013 auch das neue 911 Turbo Coupé seine Rolle als Technologieträger. Er ist der weltweit erste Sportwagen mit adaptiver Aerodynamik auf dem Markt. Das System besteht aus einem ausfahrbaren Frontspoiler und dem verstellbaren Heckflügel. Es bietet die jeweils beste Alternative zwischen Alltagstauglichkeit, Effizienz und Performance. Während das System sich je nach Geschwindigkeit automatisch auf maximale Bodenfreiheit oder minimalen Luftwiderstand einstellt, genügt ein Knopfdruck, und der Top-Elfer ist im Performance-Modus reif für die Rennstrecke: Erstmals erreicht der 911 Turbo Abtriebswerte, die mit denen reinrassiger Renn-Elfer wie GT2 oder GT3 konkurrieren können. Das Turbo Cabrio sowie die entsprechenden S-Versionen erscheinen später. Wieder andere Akzente setzt das 911 Sondermodell „50 Jahre 911" auf der Frankfurter IAA im September 2013. Die Edition auf Basis des Carrera S Coupés ist auf 1.963 Exemplare limitiert und in den Farbtönen graphitgrau uni und geysirgraumetallic sowie in schwarz uni lieferbar. Die 20 Zoll großen Sonderräder sind eine optische Hommage an die legendären Fuchsfelgen mit mattschwarzer Lackierung und glanzgedrehtem Stern. Chromleisten an den Seitenscheiben, im vorderen Lufteinlass, auf den Lamellen des Motorraumgitters und der Blende zwischen den Heckleuchten unterstreichen den klassischen Auftritt des 50-Jahre-Jubiläumsmodells. Auch im Innenraum finden sich Referenzen an den Ur-Elfer: Die Stoff-Mittelbahnen der Leder-/Stoff-Sitze zitieren das in den 1960er-Jahren gängige „Pepita"-Karo Muster, und die Beschriftung der Instrumente ist wie vor 50 Jahren in Grün gehalten. Es sind liebevoll gestaltete Details, die an große Porsche-Traditionen erinnern und gleichzeitig einen Ausblick auf die Zukunft geben: Solche klassischen Gestaltungselemente werden sich in der achten Elfer-Generation bei den Sondermodellen der Heritage Design Edition und dem optional erhältlichen Heritage Design Paket wiederfinden.

Ins 51. Jahr seiner Karriere startet der 911 mit den in Detroit vorgestellten Modellen Targa 4 und Targa 4S. Wie schon beim Vorgänger werden ausschließlich Allradversionen des Targa angeboten. In einer Hinsicht ist auch die neue Targa-Variante eine Reminiszenz an die Vergangenheit: Statt eines Glasschiebedachs besitzt sie nun wieder einen Überrollbügel und greift damit die Idee der frühen Generationen auf. „Stellen Sie sich vor, Sie treffen Ihre Jugendliebe wieder. Und sie ist noch schöner geworden", feiert das Unternehmen in der Werbung die Rückkehr des Bügels. Porsche wäre aber nicht Porsche, wenn man nur ein simples Faltdach wie beim Ur-Elfer installiert hätte. Stattdessen entwickelte man ein technisches Wunderwerk, dessen Funktion Porsche so beschreibt: „Das innovative Verdecksystem besteht aus zwei beweglichen Teilen: Aus einem Softtop und einer Glasheckscheibe. Auf Tastendruck öffnet sich die Glasheckscheibe nach hinten und wird gekippt. Sie ist mit dem Verdeckkastendeckel verbunden.

Gleichzeitig öffnen sich zwei Klappen im Targa-Bügel und geben die Kinematik des Softtops frei. Das Verdeckelement wird entriegelt, während der Öffnung nach hinten z-förmig gefaltet und hinter den Fondsitzen abgelegt. Eine quer verlaufende Blende integriert dort das Verdeckelement. Abschließend schließen sich die Bügelklappen wieder um die Heckscheibe." Selten wurde das Öffnen und Schließen eines Verdecks mit so viel Akribie beschrieben. Das Ganze dauert übrigens nur 19 Sekunden.
Alle 911-Varianten sind ab Jahresbeginn 2015 wahlweise auch als betont sportliche GTS-Versionen erhältlich, was die Kombinationsmöglichkeiten noch einmal deutlich erweitert. Ihre Motoren leisten 430 PS (316 kW), die Bremsscheiben vorn und hinten sind vergrößert und auch die heckgetriebenen Versionen erhalten die im Heckbereich verbreiterte Karosserie.

Eine umfassende Modellpflege der gesamten 991-Baureihe findet im September 2015 statt. Die wichtigste Änderung betrifft das Antriebsaggregat: 911 Carrera und 911 Carrera S werden ab Dezember 2015 erstmals in der Geschichte des 911 mit einem Turbo- statt mit einem Saugmotor geliefert. Ein wahrer Kulturbruch in den Augen der Traditionalisten. An die Wasserkühlung hat man sich inzwischen gewöhnt. Aber das? „Porsche-Fans sind fassungslos", schreibt das Nachrichtenportal spiegel.de, „Puristen fürchten um ihren geliebten Sound." Zur Beruhigung: Der Hubraum wird bei Carrera und Carrera S gleichermaßen auf 3,0 Liter verkleinert, gleichzeitig steigt die Leistung auf 370 PS (272 kW) beziehungsweise im Carrera S auf 420 PS (309 kW). „Das ist unsere Antwort auf verschärfte Gesetze bei Verbrauch und Emissionen", so Jörg Kerner, damaliger Leiter der Antriebsentwicklung bei Porsche. Er verspricht einen Verbrauchsvorteil von bis zu einem Liter im Vergleich zum Vorgänger.

Das ist Intelligent Performance, wie Porsche sie versteht. So bleibt der 911 auch nach mehr als 50 Jahren Bauzeit technologischer Vorreiter, und was sich zum Problem entwickeln könnte, führt zu einem Zuwachs an Leistung und Effizienz – und Akzeptanz. Denn längst ist sich der Sportwagenhersteller Porsche seiner gesellschaftlichen Verantwortung bewusst.

Die Errungenschaften der Vergangenheit haben die Porsche-Entwickler dabei ebenso im Blick wie die Chancen der Zukunft. So auch beim 911 R, der 2016 auf dem Genfer Salon Weltpremiere feiert. Wie beim gleichnamigen Vorbild von 1967 setzt das auf 991 Einheiten limitierte Sondermodell auf konsequenten Leichtbau und maximale Performance. In diesem Fall allerdings mit einem Saugmotor mit 4,0 Litern Hubraum und einer Leistung von 500 PS (368 kW).

Ein weiteres Sondermodell verlässt am 11. Mai 2017 das Porsche-Stammwerk.. Es ist ein Unikat auf Carrera-S-Basis mit einer reichhaltigen Sonderausstattung, zu der klassische Pepita-Sitze ebenso gehören wie ein handgefertigtes Mahagoni-Holzlenkrad und die Individualfarbe Irischgrün – eine der Lieblingsfarben des Firmengründers Ferry Porsche. Dieses Coupé gab es vorher nicht und wird es so nie wieder geben: Es ist das einmillionste Exemplar eines Porsche 911, das die Werkshallen in Stuttgart-Zuffenhausen verlässt. Nach einer Promotiontour um die Welt findet das Einzelstück seinen Ehrenplatz im Museum.

Im Jahr 2018 steht das Jubiläum „70 Jahre Porsche Sportwagen" an. Das Unternehmen feiert den Jahrestag seiner Gründung 1948 durch Ferry Porsche mit einem Festakt und der Eröffnung einer umfangreichen Sonderausstellung im Porsche Museum. „Wir verbinden unsere Tradition mit der Zukunft", sagt Porsche-Vorstandsvorsitzender Oliver Blume in der Festschrift zum Jubiläum. „Die Mobilität der Zukunft wird bei uns geprägt von digitaler Vernetzung, vom emissionsfreien Antrieb, einem neuen, aber Porsche-typischen Verständnis von Mobilität und von einem frischen Denken. Darauf bereiten wir uns intensiv vor."

Die Entscheidung für den Bau des rein elektrischen Sportwagens Taycan ist zu dem Zeitpunkt schon gefallen. Für Porsche der wichtigste Schritt in Richtung der Mobilität von morgen.

Der 911 wird weiterhin für Porsche unverzichtbar sein. Er ist und bleibt noch für lange Zeit der Markenkern. Die schönste Verbindung zwischen Vergangenheit und Zukunft präsentiert Porsche zum Jubiläum mit dem 911 Speedster Concept. Sein aufregendes Design erinnert an historische Vorbilder wie den 356 Speedster, seine Technik stammt von den aktuellen GT-Versionen der Generation 991. Später wird eine Kleinserie von 1.948 Einheiten des Leichtbau-Sportwagens aufgelegt. Am 20. Dezember 2019 verlässt der letzte 991 Speedster das Zuffenhausener Werk. Es ist zugleich der letzte 911 der siebten Generation.

Das letzte von mehr als 233.500 gebauten Exemplaren des Typs 991.

Germany's Next Topmodel

Wenn ein Elfer auf den Markt kommt, ist er für die Designer schon wieder Geschichte. Sie leben in der Zukunft. Wie sieht er also aus, der nächste Porsche 911?

von
Elmar Brümmer

Foto:
Heiko Simayer

Es ist die einfachste, die schwierigste, die vermutlich am häufigsten gestellte Frage an den Porsche-Chefdesigner: Wie sieht er denn aus, der nächste Elfer? „Wie ein 911", antwortet Michael Mauer dann aufgeräumt, „auch wenn Dinge in der Formensprache anders sein werden, wird er auf den ersten Blick als Elfer zu erkennen sein, aber eben auch als neuer Elfer. Das heißt: Er wird auch ganz neue Elemente in sich tragen."

Wenn es um den nächsten 911 geht, teilt Michael Mauer das Schicksal aller Fußball-Bundestrainer: Der im Publikum weiß die ganz sicher beste Aufstellung. Der Designer geht damit sehr pragmatisch um: „Es gibt eine ganze Menge Menschen bei Porsche, die genau wissen, wie ein Elfer auszusehen hat. Aber ich bin derjenige, der ihn machen muss." Dazu stellt er sich und seinem Team eine grundsätzliche Frage: „Es geht nicht bloß darum, ob das Auto schön ist oder nicht schön, sondern immer auch: Ist es noch ein Elfer?" Reine Formsache, wie es sich so leicht sagt.

Ideen in das zu packen, was im Unternehmensdeutsch Prozess heißt, ist nicht immer so ganz einfach. Kreativität ist ein sehr nachhaltiger Rohstoff, denn er wächst permanent nach. „Es entstehen Entwürfe, die sich sehr viel weiter entfernen vom Original. Aber auch da kann schon etwas dabei sein, selbst wenn es weit weg erscheint. Manches sehen oder fordern wir am Start noch gar nicht", erzählt Michael Mauer über die Schöpfungsgeschichte, eine der spannendsten Phasen seines Tuns. Er räumt dafür erst einmal alle gedanklichen Straßen frei, gibt nur ein paar Leitplanken vor: „Es ist für mich schon eine große Herausforderung, dass die Designer sich nicht so sehr eingeengt fühlen." Ein so großes gestalterische Erbe kann schnell mal erdrückend werden. Der Chef schließt sich dabei mit ein: „Ich hinterfrage mich selbst auch immer wieder. Erst fordere ich alle auf, Mut zu zeigen, beim nächsten Meeting sage ich den Leuten mit ihren Entwürfen dann, das ist für mich kein Elfer mehr ..."

Für das gedankliche Kreisen gibt es bei Style Porsche das immer bedeutender werdende Zukunftslabor. Mit eigenem Etat, das hält unabhängig. Dort läuft auch ein Projekt, das die Zahlenkombination „911 2050" trägt. Sehr offensichtlich ist das der Sprung ins Futur, oder wie Michael Mauer es ausdrückt: „Hier gehen wir wirklich mal ganz weit nach vorn. Wir wissen überhaupt nicht, was der Elfer in dieser Zukunft für eine Antriebstechnik hat, welche Disziplinen er dann auch noch beherrschen muss. Aber wir wollen trotzdem wissen und zeigen, wie ein Sportwagen in 20, 30, 40 Jahren aussieht, von dem jeder sagt: Ja, ist schon ein Elfer." Mental drei Generationen überspringen, und sehen, was dann dabei rauskommt. Mauer greift zum schwarzen Edding, mit großem Schwung skizziert er sein Gedankenspiel: „Ich springe da gedanklich ganz weit nach vorn, um mich dann

wieder zurückzuarbeiten. Das ist ein ganz anderer Prozess, als wenn ich mich evolutionär immer nur nach vorn bewege." Fachbegriff: Back-Casting. So kann es geschehen, dass der Entwurf eines Elements für den Über-Über-Morgen-Elfer schon im nächsten Serienmodell landet. Als Zwischenschritt in Richtung ferne Zukunft.

„Kompass-Prinzip" nennt er diese Art der Orientierung, die etwas Visionäres in sich trägt: „Wir richten das Morgen mit dem Bewusstsein für Übermorgen aus." Willkommen in der Zeitmaschine Advanced Design. Der gestalterische Bereich bei einem Automobilhersteller dient eben nicht nur der Fabrik, er ist auch ein Thinktank. Manchmal wird dort einfach auch über das nachgedacht, was Michael Mauer beim Weg ins Büro auf- oder eingefallen ist und was dieser nun mit Begeisterung ins Studio trägt: „Der Stratege duckt sich dann schon, wenn er mich kommen sieht und fürchten muss: ‚Jetzt hat er wieder 'ne Idee ...'" Manches davon wird weitergedacht, manches landet als Skizze in der Schublade. Häufig muss diese nur im richtigen Moment aufgezogen werden und ergibt plötzlich in einer anderen Kombination neuen Sinn – bei der Entstehung des Taycan war das so. Das gibt ihm die Sicherheit auch für die Elfer-Aufgabe: „Man darf nie aus Angst die Schritte zu klein machen."

Was ihn inspirieren wird, das kann Michael Mauer nicht vorhersagen. Aber er spürt sofort, wenn es Momente festzuhalten gilt, Gedankenblitze wie Brandzeichen. Eine Wand aus Moos, die zu einer neuen Wagenfarbe führt. Ein gelbes Fluchtauto beim Kinobesuch, dessen Seitengrafik ihn mehr fasziniert hat als die Handlung. „Als Designer hast du eine eigene Art der Aufnahmefähigkeit. Vermutlich handelt es sich um eine besondere Sensibilität, wir reagieren einfach anders auf Dinge. Erfassen etwas, worüber andere hinweggucken. Es ist ein ständiges Abtasten." Das kann auch ein Zeitschriftenlayout sein, manchmal bloß ein Wort in einem Artikel, das Assoziationen freisetzt. „Und schon geht es los", sagt Mauer. „Du ordnest es ein. Wort und Bild formen sich zu einer Idee."

Die Künstliche Intelligenz sieht Michael Mauer nicht als Gefahr für seinen Job. Natürlich experimentieren sie auch bei Style Porsche damit. Seine Faustregel: „Wenn du nicht weißt, was du haben willst, dann mach es unbedingt selbst. Wenn du es weißt, dann benutze die KI dazu, damit du alle Möglichkeiten überprüft hast." Gilt es doch eine Autogeschichte zu Ende zu denken, für die es auch nach 60 Jahren scheinbar kein Ende gibt. Ein Designprofessor hat die Proportionen des 911 einmal als „Idealmaß im Sportwagenbau" bezeichnet.

Michael Mauer weiß, dass seine Entwürfe daran gemessen werden, wenn er die Attraktivität der Marke und Modelle erneuert. Deshalb fragt er sich ständig, wie weit der Stein in die Zukunft geworfen werden kann: „Ich würde sagen: weit. So weit, dass ihn die Kunden immer noch wiederfinden können." Den Weg, den er vor sich hat, symbolisiert ein raumhohes Schwarz-Weiß-Bild an der Stirnseite seines Büros. Es zeigt einen offenen 356, der elegant und mit reichlich Tempo eine Kurve in den Bergen nimmt. Michael Mauer sagt, dass er das Foto schon tausende Male betrachtet habe, und immer wieder etwas Neues darin erkenne.

Ein Buch ist niemals eine Einzelleistung – an diesem Werk haben viele sympathische Charaktere ihren Anteil, einigen möchte ich besonders danken. Allen voran das Porsche-Team, im Besonderen Astrid Böttinger, Frank Jung, Alexander Klein und Kai Roos, die alle historischen Modelle bis auf den wunderbaren, dunkelblauen 964 von Gabriele und Jürgen Fröhlich aus Saarbrücken bereitgestellt haben. Danke, euch 911-Liebhabern! Besonderer Dank gilt zudem Sylvia Brack, Nadine Keller-Hussein, Nadine Toberer, Julia Vogel, Jens Torner sowie Elmar und Markus fürs gemeinsame Denken und Verbessern – und natürlich: Danke für Dein Vertrauen, Michael!

Impressum

Bibliografische Information der Deutschen Nationalbibliothek
Die Deutsche Nationalbibliothek verzeichnet diese Publikation in der Deutschen Nationalbibliografie; detaillierte bibliografische Daten sind im Internet über http://dnb.dnb.de abrufbar.

1. Auflage
ISBN 978-3-667-12745-7

Idee: Edwin Baaske, Michael Mauer
Bildredaktion: Markus Bolsinger
Texte: Thomas Ammann, Edwin Baaske, Elmar Brümmer, Matthias Kriegel
Fotografen: Heiko Simayer: S. 2/3, S. 10/11, S. 22–57, S. 122, S. 134–151, S. 234–251, S. 264–281, S. 294/295; Team Style Porsche: S. 20, S. 72, S. 102, S. 132, S. 200, S. 232, S. 262; Ed Peter: S. 58; Markus Bolsinger: S. 74–91, S. 104–121, S. 162–187; Unternehmensarchiv der Dr. Ing. h.c. F. Porsche AG: Umschlag, S. 92, S. 152, S. 191–197, S. 252; Heiko Simayer und Markus Bolsinger: S. 202–221; Georg Fischer: S. 222; Rafael Kroetz: S. 282

Illustrationen: Team Style Porsche
Lektorat: Thorsten Elbrigmann, Hanno Vienken
Umschlaggestaltung, Design und Layout: Katharina Thaler und Tom Ising für Herburg Weiland, München
Gesetzt aus der Lausanne von der Typefoundry Weltkern
Postproduktion/Lithografie: Sandra Martens
Druck: Firmengruppe Appl – aprinta druck, Wemding
Printed in Germany 2023

Delius Klasing Verlag GmbH, Siekerwall 21, D-33602 Bielefeld
Tel.: 0521/559-0, Fax: 0521/559-115
E-Mail: info@delius-klasing.de

www.delius-klasing.de